电动汽车充电设施
检测技术与实例分析

常征　主编

中国电力出版社
CHINA ELECTRIC POWER PRESS

图书在版编目（CIP）数据

电动汽车充电设施检测技术与实例分析/常征主编. —北京：中国电力出版社，2022.12
ISBN 978-7-5198-6763-8

Ⅰ．①电…　Ⅱ．①常…　Ⅲ．①电动汽车－充电－服务设施－检测　Ⅳ．①U469.72

中国版本图书馆 CIP 数据核字（2022）第 083062 号

出版发行：中国电力出版社
地　　址：北京市东城区北京站西街 19 号（邮政编码 100005）
网　　址：http://www.cepp.sgcc.com.cn
责任编辑：陈　倩（010-63412512）
责任校对：黄　蓓　常燕昆
装帧设计：赵丽媛
责任印制：石　雷

印　　刷：三河市百盛印装有限公司
版　　次：2022 年 12 月第一版
印　　次：2022 年 12 月北京第一次印刷
开　　本：710 毫米×1000 毫米　16 开本
印　　张：9.25
字　　数：154 千字
定　　价：40.00 元

编　委　会

前　言

　　随着我国经济持续快速发展和双碳目标的提出，近年来电动汽车及充电设施在全国得到了跨越式发展。加快培育和发展电动汽车产业，既是有效缓解能源和环境压力，推动汽车产业可持续发展的紧迫任务，也是加快汽车产业转型升级、培育新的经济增长点和国际竞争优势的战略举措。在国家政策引导、电网企业及其他新能源基础设施建设企业的积极参与下，电动汽车充换电基础设施建设规模快速增长。

　　随着电动汽车充电设施的快速发展和大量建设，充电设施的现场检测需求越来越多。充电设施现场检测技术对建立电动汽车充电设施安全管控体系，促进电动汽车服务产业健康发展具有十分重要的意义。对电动汽车充电桩的检测是全面验证充电装置是否满足国家及电力行业标准的重要手段，开展对充电装置安全性、电气性能检测可确保充电桩的安全性能满足充电要求，同时满足对电动汽车电池充电的要求。充电桩现场检测设备需要高度集成且便于带电开展检测，因此研究充电桩检测技术与充电桩集成式、一体化检测装备具有重要意义。

　　本书总结了电动汽车充电设施的检测原理、检测装置及检测案例分析，全书共分为9章，内容涉及充电设施发展现状、充电设施原理与新技术、充电设施检测标准及原理、非车载充电机现场测试系统集成、基于"储能电池＋模块化测试负载"测试技术、基于储能电池的测试现场供电方法、充电设施兼容性测试诊断分析技术、现场测试案例分析与常见故障诊断分析。

　　由于时间仓促，书中不妥和错误之处，恳请读者和同仁批评指正。

编　者

2022 年 8 月

目　录

第1章

电动汽车充电设施发展现状

当前，全球新一轮科技革命和产业变革蓬勃发展，汽车与能源、交通、信息通信等领域有关技术加速融合，电动化、网联化、智能化成为汽车产业的发展潮流和趋势。近年来，世界主要汽车大国纷纷加强战略谋划、强化政策支持，跨国汽车企业加大研发投入、完善产业布局，新能源汽车已成为全球汽车产业转型发展的主要方向和促进世界经济持续增长的重要引擎。

近年来，各国电动汽车的产量和销量都有了明显的增加，在全世界电动汽车市场中，位居前列的几个国家是美国、中国、欧盟和日本，现在许多国家政府都针对自己国家电动汽车的中长期发展问题制定了相应的战略规划，在未来几年内，预计电动汽车市场将会持续扩大，逐步成为拉动世界各国经济发展的新增长点。

电动汽车是指用车载电源提供动力，并且由车内的电机驱动车轮行驶，同时符合道路交通和安全法规各项要求的车辆。根据动力源的不同，可以把电动汽车分为纯电动汽车（battery electric vehicles，BEVs）、混合动力汽车（hybrid electric vehicles，HEVs）和燃料电池汽车（fuel cell electric vehicles，FCEVs）三种类型。目前氢燃料电池汽车仍在技术验证阶段，预计在 2030 年之前难以实现大规模发展，仅有望在重型商用车领域实现一定规模应用。因此，本书所讨论的新能源汽车主要指已具备规模化发展条件的插电混动和纯电动汽车。

纯电动汽车（BEVs）指的是完全由电动机驱动行驶的汽车，它的驱动电能主要来源于车载可充电蓄电池或者是其他能量存储装置，其本身基本不会排放污染环境的有害气体，其所需电能可以利用现有电网的夜间峰谷电力，也可以利用太阳能、风能和核能等清洁能源发出的电力，具有零排放的特点，因此被认为是最具发展前景的一种交通工具。

1

随着我国经济持续快速发展和城镇化进程加速推进，今后较长一段时期汽车需求量仍将保持增长势头。加快培育和发展电动汽车产业，既是有效缓解能源和环境压力，推动汽车产业可持续发展的紧迫任务，也是加快汽车产业转型升级、培育新的经济增长点和国际竞争优势的战略举措。

随着政府一系列鼓励扶持政策的颁布，电动汽车产业迅速发展。在国家政策引导、电网企业及其他新能源基础设施建设企业的积极参与下，电动汽车充换电基础设施建设规模快速增长。

随着电动汽车充电设施的快速发展和大量建设，充电设施的现场检测的需求会越来越多，充电设施现场检测技术对建立电动汽车充电设施安全管控体系，促进电动汽车服务产业健康发展具有十分重要的意义。

1.1 国内外电动汽车发展现状

1.1.1 国外电动汽车发展现状

近几年来，世界范围内新能源汽车成长迅速，其发展已经形成了共识。从长期来看，包括纯电动、燃料电池技术在内的纯电驱动将是新能源汽车的主要技术方向；在短期内，油电混合、插电式混合动力将是重要的过渡路线。引领新能源汽车发展的美国、日本及欧洲的一些国家起步比我国要早很多，它们的发展也各有侧重。

美国长期侧重降低石油依赖、确保新能源安全的战略，将发展新能源汽车作为交通领域实现根本上摆脱石油依赖的重要措施，并以法律法规的形式确定了新能源汽车的战略地位。在美国，电动汽车的开发与研究得到了政府在资金、法律和科研力量等方面的全面支持，同时，政府还制定了保障类、激励类及限制类等一系列政策体系。据记载，美国国会在 1976 年就已经通过了关于电动汽车和复合汽车研发的相关法令，从而以立法、政府资助和财政补贴等形式及手段大力推动电动汽车工业的发展。另外，美国政府还不断推进各种电动汽车示范运营项目的建设，从而有效地推动了电动汽车的生产和应用。例如，美国联邦政府于 2016 年 7 月发布了"加快普及电动汽车"计划的相关声明，旨在通过政府和私营部门互相合作，推广电动汽车的应用，并加强充电基础设施的建设，进而更好地应对气候的变化，增加清洁能源的使用，并减少对石油资源的依赖。2018 年美国全年销售新能源车 328118 辆，其中纯电动车

203625 辆，占总量 62%，插电混动汽车 124493 辆。新能源车销量占全年汽车销量的 2.1%。

日本长期坚持确保能源安全和提高产业竞争力的双重战略，通过制定国家目标引导新能源汽车产业的发展，同时高度重视技术创新。2006 年，日本提出了新的国家能源战略，目标是到 2030 年交通领域对石油的依赖从 100%降到 80%，为了配合这个新能源战略的实施，提出了下一代汽车燃料计划，明确提出改善和提高汽车燃油经济性标准，推进生物质燃料的应用，促进电动汽车和燃料电池汽车的应用等。目前，日本正全面发展三类电动汽车，其混合动力全球销量第一；在纯电驱动方面，规划和产业化推进步伐也是最快的；另外，日本燃料电池产品的研发和产业化推进也领先于其他国家。

相对于美国和日本，欧洲更加侧重于温室气体减排战略。满足日益严格的二氧化碳排放限制要求已经成为欧洲对新能源汽车发展的主要驱动力。欧洲的新能源汽车发展在早期主要以生物质燃料、天然气和氢燃料为主，本世纪初曾经提出到 2020 年达到 23%的石油替代目标。与美国相比，欧洲地区更崇尚纯电动汽车。而近年来，混合动力汽车在欧洲的销售量也有了大幅度增长。氢动能和燃料电池等方面也取得了一定成果，逐步成为欧洲地区非常重要的战略能源技术之一。与此同时，欧洲各国政府也分别根据本国国情制定了许多相应的政策和措施，并不断加快充电基础设施建设，以全面推动电动汽车的开发与消费。

1.1.2　国内电动汽车发展现状

发展新能源汽车，是我国从汽车大国迈向汽车强国的必由之路，是应对气候变化、推动绿色发展的战略举措。自 2012 年国务院发布实施《节能与新能源汽车产业发展规划（2012~2020 年)》以来，我国坚持纯电驱动战略取向，新能源汽车产业发展取得了举世瞩目的成就，成为引领世界汽车产业转型的重要力量。我国从 2001 年开始投入大量资金，形成了"三纵、三横"的电动汽车研发格局，并对电动汽车的研发投入了大量的人力。目前我国电动汽车产业发展迅猛，整车产业量质齐升，新上市整车产品技术升级明显。

目前，新能源汽车的发展已无明显技术瓶颈，应用范围更加广泛。电动汽车中最关键的技术是代替传统燃油汽车的内燃机、变速器等装置的电动汽车"三电"系统，即电动汽车的电池、电机和电控系统。电驱动方面，此前"卡脖子"的电机控制器核心器件 IGBT 已实现国产化，我国已形成驱动电机、电机控制器、减/变速器、电驱动总成、关键材料与器件的完整产业链，自主化率达到95%以上，相关配套厂商数量超过200家。随着我国电驱动系统集成化程度快速提升，使用寿命、功率密度等指标已与燃油车相当。在动力电池方面，锂离子电池单体能量密度已达到300Wh/kg，循环次数1000次以上，将来有望继续提升。在安全方面，随着动力电池新的安全防控技术应用，电池自燃概率将下降至十万分之一。

动力电池方面，累计投资已超千亿元，2020年总产能将超过300GWh，可满足600万辆新能源汽车的电池装机需求，涌现出了宁德时代、比亚迪等世界一流电池企业。技术的进步推动电动汽车性能持续提升，国产电动汽车的性能逐渐追赶上国外电动汽车品牌。

在国家政策的大力扶持下，我国新能源汽车的产业规模正在逐渐扩大，逐步建立了完善的新能源汽车产业链体系，具备大规车模发展条件，凭借着自身不断进步的技术水平，获得了消费者和相关企业的认可和支持。2020年中国新能源汽车产量达136.6万辆，较2019年增加了12.41万辆，同比增长9.99%，2021年上半年中国新能源汽车产量已完成121.5万辆，刷新历史纪录，在当下能源危机日益加剧的新时期，传统汽车行业趋向于新能源汽车方向发展，属于汽车领域重要发展方向。2021年上半年中国纯电动车产量占新能源汽车总产量的84.14%，占比最大；插电式混合动力车产量占新能源汽车总产量的15.81%；燃料电池车产量占新能源汽车总产量的0.05%。

与此同时，国内主流汽车厂商均提出了新能源汽车的发展计划。北汽集团宣布2025年停止生产销售自主品牌燃油汽车；长安汽车宣布向新能源汽车领域投资超过1000亿元，并将于2025年停止生产销售自主品牌燃油汽车；一汽集团计划到2025年新能源车型占乘用车比例提升至40%，到2030年将提高至60%以上；东风集团发布"绿色2022计划"，提出到2022年新能源车型销量占比达到30%以上。

1.2　国内外电动汽车充电设施发展现状

1.2.1　国内电动汽车充电设施发展现状

随着政府一系列鼓励扶持政策的颁布，电动汽车产业迅速发展，在国家政策引导、电网企业及其他新能源基础设施建设企业的积极参与下，电动汽车充换电基础设施建设规模快速增长。

设施规划方面，自 2015 年国务院发布《国务院办公厅关于加快新能源汽车充电基础设施建设的指导意见》（国发办〔2015〕73 号）以来，中央各部委积极落实政策执行，并相继出台了一系列政策，支持和引导充电基础设施产业发展，相关政策已渐趋完善。国家能源局于 2019 年预测了到 2050 年全国充电基础设施需求规模，并提出了最新的充电设施规划方案。同年，中共中央、国务院印发了《交通强国建设纲要》，在发展目标中明确提出加强充电、加氢、加气和公交站点等设施建设。

用电保障方面，2016 年国家能源局发布《关于加快居民区电动汽车充电基础设施建设的通知》，提出积极推进现有居民区停车位电气化改造，新建居住区统一将供电线路敷设至专用固定停车位或预留敷设条件。2018 年发布的《提升新能源汽车充电保障能力行动计划》，更是明确要求电力公司保障充电设施红线外供配电设施投资建设，实现配套电网建设工程与充电设施同步施工、同步接电，服务专用领域新能源汽车规模化应用。

建设运营奖励补贴方面，发改委、财政部、住建部等部委分别在充电电价、财政奖补、建设审批等领域给予了政策引导。2019 年四部委发布的《关于进一步完善新能源汽车推广应用财政补贴政策的通知》明确了取消新能源汽车地方补贴，转为用于支持充电（加氢）基础设施"短板"建设和配套运营服务等方面。

经过多年的探索与实践，我国在电动汽车充换电设施建设领域取得较大进展，在北京、上海、广州、天津、石家庄、深圳等地建设了大量的电动汽车充换电设施。"十二五"期间是我国电动汽车市场的重要发展阶段，国家电网有限公司根据技术和市场的发展趋势，综合考虑技术适应性、用户需求、经济性及公司发展战略，积极推动电动汽车充换电站的建设，在多个省市建设了大量的电动汽车充换电设施示范工程，构建了智能、开放、互动、跨区域、全覆盖的电动汽车智能充换电服务网络运行管理系统。截至 2019 年 4 月，全国共建成公共充电桩 39.1 万台，其中交流充电桩 22.3 万台，直流充电桩 16.8 万台，交直流一体充电桩 0.05 万台。已经初步建成了覆盖全国范围的电动汽车智能充换电服务网络。

1.2.2　国外电动汽车充电设施发展现状

随着电动汽车的不断发展，国外很多发达国家已经在电动汽车生产、研发及配套充电设施领域进行了探索，逐步形成了比较完善的发展框架，在很多方面值得国内同行借鉴。下面对国外几个电动汽车能源供给设施相对发达的国家发展情况进行介绍。

在美国，由于政府的鼓励和法律政策的扶持，电动汽车的研发生产起步较早。与此同时，美国在很多地区建设了许多电动汽车充电站和充电桩，这些设备基本安装在了公共场所，如大型的停车场、车辆修理站等。同时，美国私人充电桩非常丰富，用于为个人用户提供方便快捷的充电服务。美国各州的充电设施有所不同，但是在全美的许多州际公路上都建有交流充电桩，并且加州建设力度最大。2012 年加州某公司与加州北部的旧金山、奥克兰和圣何塞等城市的政府联手，在上述城市的所有居民区、商厦、停车场和政府大楼安装充电桩，以方便电动汽车充电。截至 2018 年 2 月，美国公共充电桩数量大约为 5.4 万个，其中 Chargepoint 46735 个、Chademo 2290 个、特斯拉约 3000 个。美国的充电站建设在电动汽车行业中处于领先地位，这与其国家政策和规划布局密不可分。美国制定了强有力的充电设施建设鼓励政策，其中，建设私人充电桩最高可获得 2000 美元的免税额度，而建设大型的充电站则最高可获得 5 万美元的免税额度或补贴。美国在规划设计充电设施网络时以构建智能电网作为出发点，从智能电网发展的整体思路出发，将充电基础设施网络建设和车联网技术作为智能电网的关键技术。美国在选址布局建设充电基础设施时，以其东西海岸为中心，并向四周扩散分布。其中，将加利福尼亚州、华盛顿州、纽约州等地区作为最核心的建设区域，大力发展充电站的建设。

法国是西欧面积最大的国家，同时法国也是电动汽车欧洲销量最高的国家，最大的原因是政府在电动汽车购买补贴方面的大力支持。法国政府对于电动汽车提供相当可观的金钱补助。法国有 6600 万人口，公共充电桩已经超过了 3 万个，充电桩的覆盖率在世界上排在前列。法国政府通过减税等政策鼓励企业安装充电设施，希望到 2030 年时，将充电设施的总数增加至 700 万个。在挪威，充电站由地方政府、电动汽车管理机构和私营公司共同承建，每个充电站最高可以获得 20 万挪威克朗的政府补贴。

近几年来，英国大力发展电动汽车产业，承诺将在 2050 年实现英国国内所有汽车和货车污染的零排放。其中英国最大的充电服务公司 Chargemaster 与高通集团合作，开发了一种无线充电的技术，这种技术是利用磁共振来给电动汽车的电池充电，据 Chargemaster 公司介绍，这种无线充电技术的充电转化效率极高，超过了现在的有线充电模式，达到了 90%。而且英国绝大部分的电动汽车充电桩向车主免费开放。这些充电桩分布在居民住宅集中的各个区域、商业繁华的办公楼宇附近或是人流量较多的街道上。用户只要定时上交规定数量的管理费用，就能够享用非常优惠的充电服务，而且使用次数不会受到限制。

为了加快电动汽车市场化的步伐，德国在《德国国家电动汽车计划》中强调，2050 年，电动汽车要普及城市交通。与此同时，德国又颁布了一系列政策鼓励电动汽车基础充电设施的发展。截至 2018 年，德国公共充电桩达到 10800 个，其中直流充电桩占比 14%，交流充电桩占比 86%。为了促进电动汽车发展，德国政府投资了 3 亿欧元用于基础充电设施的建设。为了降低充电桩在工作时的功耗，德国的电动汽车充电桩没有触摸屏及按键，充电站通过自身的控制系统对每一台充电桩的充电过程进行控制。用户可以通过智能手机或者车载显示屏查询当前充电进度，这样的方式还可以降低用户的充电消费。

日本在充电站的建设上走在了全球的前列。为了完善电动汽车充电基础设施服务网络的建设等配套服务，以提高多种不同电动汽车车型的普及程度，2014 年 5 月，由丰田、日产、本田和三菱四家大型的车企制造商联合日本政策投资银行一起成立了日本充电服务公司（NCS）。该公司旨在为日本电动汽车充电基础设施建设提供经济支持，并在设施建成后的 8 年内，继续为其提供后续服务。该公司成立之后，日本全国的电动汽车充电桩数量呈现出较快的增长速度。据统计，到目前为止，日本已经拥有超过 4 万台电动汽车充电桩，在建设规模上比传统的加油站还要大很多。日本在快速充电方面也有非常深厚的研究能力，2010 年，由若干个汽车制造商、零部件供应商及电力公司等经过共同研发推出了 CHAdeMO 标准。到目前为止，CHAdeMO 是日本应用最广泛的快速充电接口标准，同时，在全球范围内也拥有极为广泛的分布。现在全球超过 30 多个国家共拥有 8760 个 CHAdeMO 充电桩，其中日本有 5400 个。

第 2 章

电动汽车充电设施原理与新技术

2.1 电动汽车非车载直流充电桩结构与工作原理

直流充电桩（机）的工作原理如下：大功率电动汽车充电机通过三相电网输入交流电，经过三相桥式不可控整流电路整流变成直流电，滤波后提供给高频 DC-DC 功率变换器，功率变换器经过直直变换输出需要的直流，再次滤波后为电动汽车动力蓄电池充电。

直流充电桩线路组成如图 2-1 所示，直流充电桩输出由 9 根线组成，分别是：

直流电源线路：DC＋、DC－；设备地线：PE；充电通信线路：S＋、S－；充电连接确认线路：CC1、CC2；低压辅助电源线路：A＋、A－。

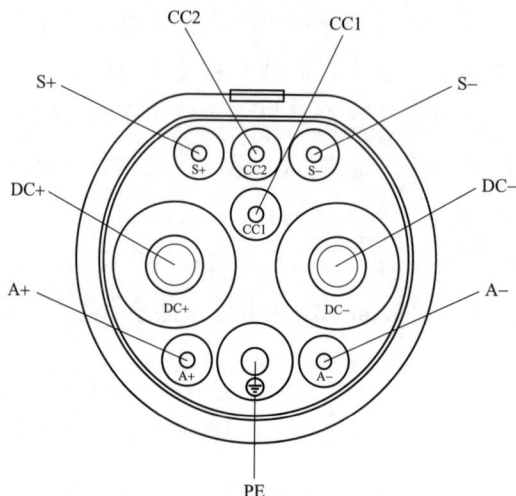

图 2-1　直流充电桩电路示意图

直流充电桩就是通过这 9 根线给电动汽车进行充电，其具体的充电模型如图 2-2 所示。

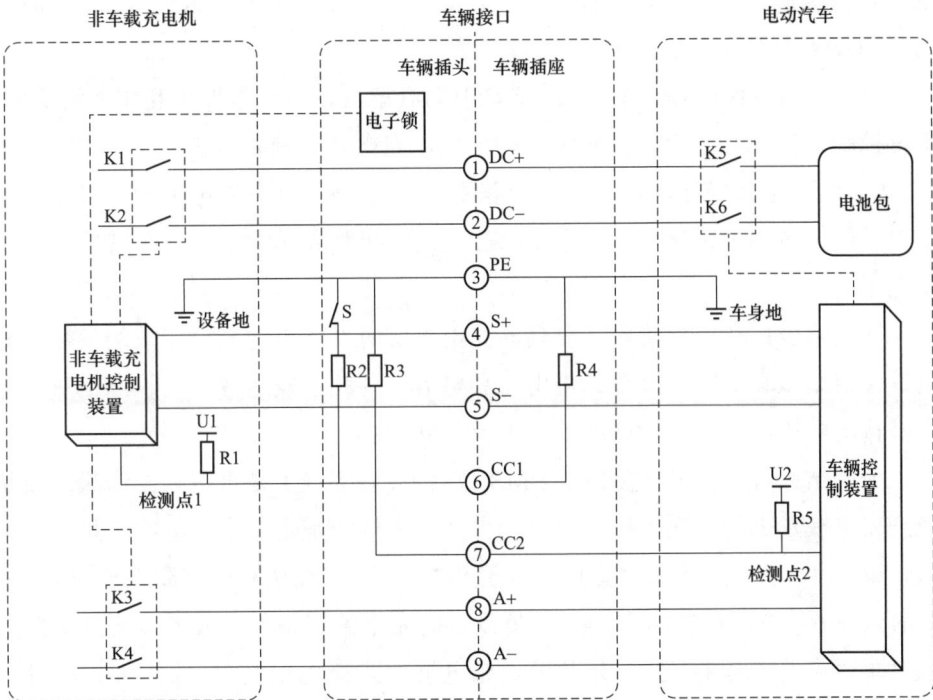

图 2-2　电动汽车充电模型

　　左边是非车载充电机（即直流充电桩），右边是电动汽车，两者通过车辆插座相连。图中的 S 开关是一个动断开关，与直流充电枪头上的按键（即机械锁）相关联，当按下充电枪头上的按键，S 开关即打开。而图中的 U1、U2 是一个 12V 上拉电压，R1～R5 是阻值约 1000Ω 的电阻，R1、R2、R3 在充电枪上，R4、R5 在车辆插座上。

　　车辆接口连接确认阶段：当按下枪头按键，插入车辆插座，再放开枪头按键。充电桩的检测点 1 将检测到 12V-6V-4V 的电平变化。一旦检测到 4V，充电桩将判断充电枪插入成功，车辆接口完全连接，并将充电枪中的电子锁进行锁定，防止枪头脱落。

　　直流充电桩自检阶段：在车辆接口完全连接后，充电桩将闭合 K3、K4，使低压辅助供电回路导通，为电动汽车控制装置供电（有的车辆不需要供电）（车辆得到供电后，将根据监测点 2 的电压判断车辆接口是否连接，若电压值为 6V，则车辆装置开始周期发送通信握手报文），接着闭合 K1、K2，进行绝缘检测，所谓绝缘检测，即检测 DC 线路的绝缘性能，保证后续充电过程的安

9

全性。绝缘检测结束后，将投入泄放回路泄放能量，并断开 K1、K2，同时开始周期发送通信握手报文。

充电准备就绪阶段：接下来，就是电动汽车与直流充电桩相互配置的阶段，车辆控制 K5、K6 闭合，使充电回路导通，充电桩检测到车辆端电池电压正常（电压与通信报文描述的电池电压误差不大于±5%，且在充电桩输出最大、最小电压的范围内）后闭合 K1、K2，直流充电线路导通，电动汽车就准备开始充电了。

充电阶段：在充电阶段，车辆向充电桩实时发送电池充电需求的参数，充电桩会根据该参数实时调整充电电压和电流，并相互发送各自的状态信息（充电桩输出电压电流、车辆电池电压电流、SOC 等）。

充电结束阶段：车辆会根据 BMS（电池管理系统）是否达到充满状态或是受到充电桩发来的"充电桩中止充电报文"来判断是否结束充电。满足以上充电结束条件，车辆会发送"车辆中止充电报文"，在确认充电电流小于 5A 后断开 K5、K6。充电桩在达到操作人员设定的充电结束条件，或者收到汽车发来的"车辆中止充电报文"，会发送"充电桩中止充电报文"，并控制充电桩停止充电。在确认充电电流小于 5A 后断开 K1、K2，并再次投入泄放电路，然后再断开 K3、K4。

直流电动汽车充电桩，也俗称"快充"，它固定安装在电动汽车外，与交流电网连接，是为电动汽车动力电池提供直流电源的供电装置。直流充电桩的输入电压采用三相四线 AC380V±15%，频率 50Hz，输出为可调直流电，直接为电动汽车的动力电池充电。由于直流充电桩采用三相四线制供电，可以提供足够的功率，输出的电压和电流调整范围大，可以实现快充的要求。

2.2 电动汽车非车载交流充电桩结构与工作原理

交流充电桩又称为交流供电装置，固定安装在电动汽车外，与交流电网连接，为电动汽车车载充电机（即固定安装在电动汽车上的充电机）提供交流电源的供电装置。交流充电桩只提供电力输出，没有充电功能，需连接车载充电机为电动汽车充电。

交流充电桩电气系统设计如图 2-3 所示，主回路由输入保护断路器、交流智能电能表、交流控制接触器和充电接口连接器组成；二次回路由控制继电器、急停按钮、运行状态指示灯、充电桩智能控制器和人机交互设备（显示、输入与刷卡）组成。

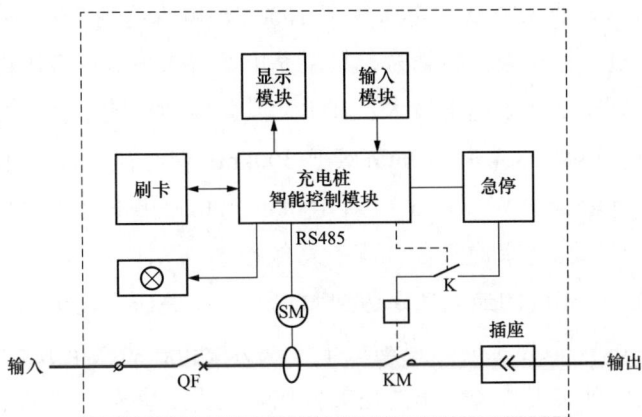

图 2-3　交流充电桩电气系统

　　主回路输入断路器具备过载、短路和漏电保护功能；交流接触器控制电源的通断；连接器提供与电动汽车连接的充电接口，具备锁紧装置和防误操作功能。

　　二次回路提供"启停"控制与"急停"操作；信号灯提供"待机""充电"与"充满"状态指示；交流智能电能表进行交流充电计量；人机交互设备则提供刷卡、充电方式设置与启停控制操作。

　　交流充电桩设计要求的功能规范有以下六点。

　　（1）可以提供 AC220V/7kW 供电能力。

　　（2）具备漏电、短路、过压、欠压、过流等保护功能，确保充电桩安全可靠运行。

　　（3）具备显示、操作等必需的人机接口。

　　（4）交流充电计量。

　　（5）设置刷卡接口，支持 RFID 卡、IC 卡等常见的刷卡方式，并可配置打印机，提供票据打印功能。

　　（6）具备充电接口的连接状态判断、控制导引等完善的安全保护控制逻辑。

　　交流充电桩给电动汽车的充电机提供电力输入，由于一般的车载充电机的功率不是很大，所以不能很好地实现快速充电。

2.3　电动汽车大功率充电技术

　　随着电动汽车的续航里程的延长，电池容量和充电时间也随之增加，对于

11

电动汽车来说，解决充电时间问题已迫在眉睫，大功率充电技术应运而生。行业内将充电功率大于 350kW，电压达到 1000V，电流达到 350A 的充电方式定义为大功率充电。近年来，特斯拉、星星充电、特来电等众多国内外车企和供应商都在积极研发大功率充电技术。其中北汽新能源车载最新超级快充技术，可实现最大充电功率 280kW，10min 续航 300km；保时捷 MissionE 的快充系统最大充电功率可达 350kW，4min 续航 100km。2021 年 1 月 15 日，"中国电动汽车百人会论坛"在北京钓鱼台召开。大会上，广汽官方表示，首款搭载石墨烯电池的 AION V 充电的最大功率达到 600kW。相关研究显示，当充电桩的充电功率达到 350kW 或以上时，电动汽车可以实现和燃油汽车加油一样的感受，这种充电方式可以实现传统汽车的完美替代。但大功率充电技术同样面临一些问题，中国科学院院士欧阳明高表示，大功率充电技术需要重点关注安全性和耐久性，快充会导致电池负极的电位急剧下降，不仅会带来电池寿命的问题，也会带来安全问题。

实现大功率充电主要有三种途径：①电流维持在当前市场通用水平，提升电压；②电压维持在当前市场主流电压水平，提升电流；③同时适当地提升电压和电流。在选择大功率充电实现途径时，需综合考虑市场及主机厂资源等因素。

大功率充电对于动力电池系统的技术要求主要有电芯的设计选型、电连接设计、热管理及能量管理 4 个方面。大功率充电的首要要求是电池电芯的充电倍率，开发允许大倍率充电的电芯才能进行后续配件的匹配开发；电芯的电连接（busbar）、模组间连接、高压线缆等均需要满足整车所需高电压、大电流的要求；针对动力电池较大的散热量需采用高效的冷却方案，实现对动力电池系统及时、合理的降温，保证安全和工作效率；电池能量管理系统需要优化升级现有的快充充电策略、温度控制策略、快充保护策略等。

2.4 电动汽车无线充电技术

无线电能传输（wireless power transfer，WPT）技术，是基于法拉第电磁感应原理，以电能的安全可靠、灵活便捷的接入为目标的一种新型电能传输技术。它集成了现代电力电子技术、功率器件及变换技术、磁场耦合技术、计算机控制技术和建模与仿真技术等领域的理论与知识，是一门跨学科的综合性研究课题。

2.4.1 EV-WPT 系统电磁耦合

国内外研究学者针对电动汽车无线充电系统的互操作性问题做了大量的研究工作。密歇根大学的 J.C.White 等研究了单极线圈和 DD 线圈之间的互操作性，他们得出单极线圈与 DD 线圈之间的耦合系数与偏移、一二次侧形状、尺寸有关的结论。新西兰奥克兰大学的 D.Thrimawithana 提出了一种增大线圈偏移的混合系统，该系统使用 LCL 和 CL 谐振补偿网络，有效克服了线圈之间未对准所造成的不利影响，适用于静止和动态无线充电。美国圣地亚哥大学介绍了不同补偿拓扑之间的互操作性，详细讨论了四种不同类型的补偿电路，分别是 LCC-S、LCC-P、S-LCC 和 PLCC 之间的互操作性。哈尔滨工业大学的朱春波教授团队提出了一种自适应相位控制发射机，它可与不同的接收线圈互操作，可用于电动汽车无线充电。天津工业大学提出了一种评价不同线圈结构之间的互操作性的方法。Michael D.Abbott 等人研究了三种布局的发射端和极化拾取线圈的兼容问题。通过在一定位置范围内测量路侧和车辆侧之间的耦合系数，可以推断出磁兼容性。Kunpat T.等人提出了一种三相 IPT 车辆线圈拓扑结构，该拓扑结构相对于功率 11kW 的 SAE J2954 提议具有磁性互操作性，同时与兼容的接地线圈结合使用可提高功率传输能力。Ahmad A.优化设计了四重发射线圈结构，并讨论了四线圈结构与矩形，双 D（DD）和双 D 正交（DDQ）线圈结构的兼容性分析，并验证了四重线圈结构与所有其他线圈结构兼容。韩国先进科学技术学院（KAIST）基于 SAE J2954 标准，介绍了通过调整铁氧体块的有效磁导率来调整线圈电感和耦合系数的方法。通过控制铁氧体块的磁导率，可以成功地调整线圈的自感和耦合系数。通过这个想法，获得了合理的电气参数、接地组件线圈的电感、车辆组件线圈的电感和耦合系数。重庆大学自动化学院孙跃团队是国内最早进行 WPT 技术研究的团队之一，科研成果最为突出。该团队就电动汽车无线充电系统的电磁耦合机构互操作性进行了研究，并给出了标准化设计参考。总的来说，现在国内外对电动汽车无线充电系统点磁耦合机构互操作性的研究已经有一定的基础，但是在耦合机构的高效和轻量化研究方面仍然欠缺。

2.4.2 EV-WPT 系统功率变换器

目前国内外关于功率变换器开展了大量的研究,提出了各种电能变换拓扑,

图 2-4 所示分类总结了目前 MC-WPT 系统中常用的高频逆变器拓扑。按能量变换方式可分为 DC-AC 逆变器和 AC-AC 变换器两种。DC-AC 逆变器主要有基本桥式逆变器、class E、多相（多输出）逆变器、多并联逆变器、多电平逆变器等。AC-AC 变换器主要分为直接型和间接型两种结构。

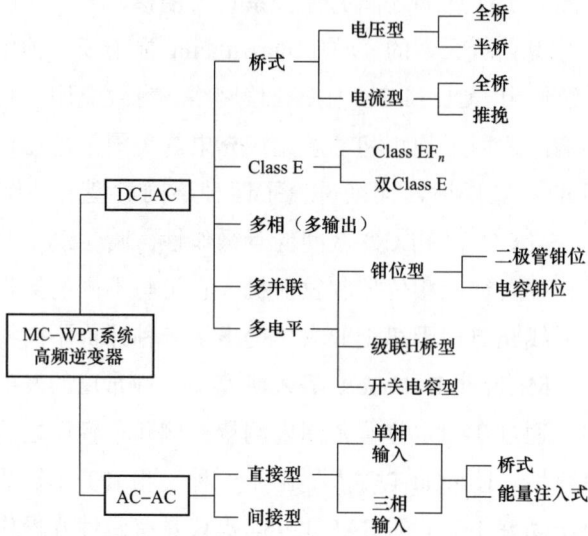

图 2-4　磁耦合谐振无线电能传输系统中常用逆变器拓扑分类

2.4.3　EV-WPT 系统异物检测

国外对于金属异物检测技术的研究仍处于起步阶段，相关研究多集中在金属异物对系统线圈电感和互感、品质因数、传输效率等参数的影响，以及金属异物在系统中涡流温升求解等方面，根据金属异物对无线电能传输系统不同参数的影响提出了多种检测方法。

Witricity 公司 Simon Verghese 等人提出了一种基于回形检测线圈单元检测金属异物的方法，其线圈结构如图 2-5 所示。金属异物的引入会打破各子环之间的磁通量平衡，可通过检测回形检测线圈单元的感应电压，即可检测金属异物的存在。同时该方法可设计成不同样式对不同结构的发射端线圈进行密铺，且可多层布置来消除检测死区。

诺基亚公司 J.V.Carle 等人提出了一种基于原副边功率损耗的异物检测方法。通过比较一、二次侧功率损耗是否超过既定阈值来判断无线充电系统内部是否存在异物。

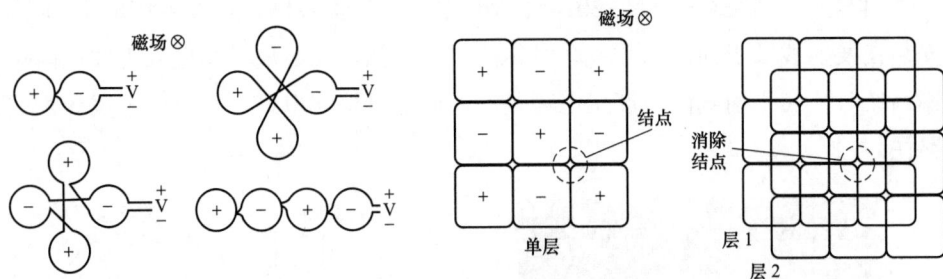

图 2-5 无线传输平衡检测线圈示意图

高通公司 Hanspeter Widmer 等提出了一种基于多线圈电涡流传感器阵列的金属异物检测方法，其结构如图 2-6 所示。其原理是将线圈作为 LC 振荡电路中的电感，当金属异物进入检测区域内，金属异物内部涡流产生的磁场反作用于检测线圈，会使通电线圈的阻抗发生变化，进而影响 LC 振荡电路的固有谐振频率。比较 LC 振荡电路频率与标准频率的频差，即可知道金属异物的存在及位置。

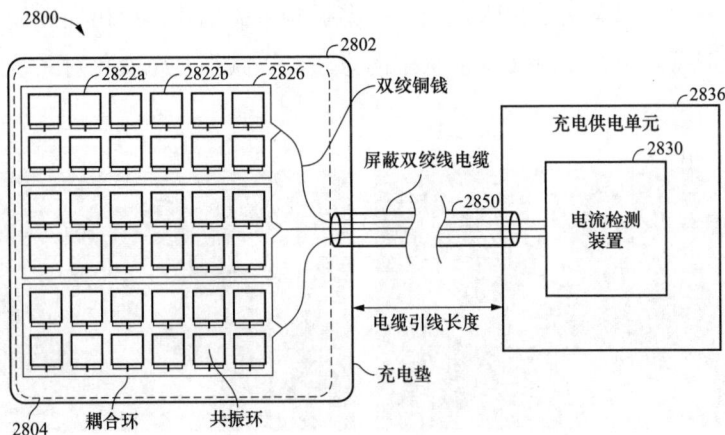

图 2-6 高通公司多线圈电涡流传感器阵列示意图

目前，国内关于金属异物检测技术的研究较少，相关研究集中在无线电能传输系统频率特性分析、系统等效参数变化与系统效率间关系的研究、系统效率损耗建模分析，以及线圈周围金属异物检测等内容。

北京航空航天大学团队提出了基于目标图像特征提取的机器视觉图像变化检测算法，如图 2-7 所示。通过多相机对检测区域的图像特征进行提取并与原始检测区域图像进行比对，从而检测出外来异物。

山东大学曲晓东等人在 2014 年设计了一种平衡线圈，如图 2-8 所示。通过安装在发射线圈表面的两个并联对称的平衡线圈，在金属异物进入无线电能传输系统时，在平衡线圈中产生电势差，进而通过检测电路，检测到金属异物的存在。

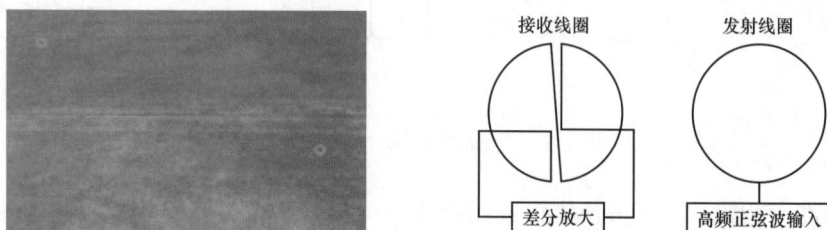

接收线圈　发射线圈

差分放大　高频正弦波输入

图 2-7　北航异物在检测区域内的特征提取图　图 2-8　山东大学设计的平衡线圈示意图

在针对金属异物对无线电能传输系统的扰动研究中，东南大学陈琛等在发表的文章中首先分析了互感变化对无线传能系统效率的影响，实验装置如图 2-9 所示。文章通过有限元方法计算铁片在水平轴线上不同位置对双线圈系统互感的影响。由于金属异物的引入造成系统谐振频率的偏移，提出通过调节补偿电容使系统谐振频率恢复到扰动前状态的方法，以减小互感变化对系统的影响，提高输出功率。

（a）　　　　　　　　　（b）

图 2-9　东南大学金属异物对无线电能传输系统影响实验图

（a）无金属异物时；（b）有金属异物时

综上所述，国内外针对无线充电异物检测技术的研究还处于不断发展和完善阶段，在金属异物对无线电能传输系统参数的影响方面取得了一定的理论研究和实验成果，但在无线电能传输系统检测金属异物方法和检测精度上仍需提升，同时在无线电能传输系统中活体保护方面也鲜有涉及。

2.4.4　EV-WPT 系统电磁兼容技术

随着无线充电技术的发展和推广，其对环境和使用者可能产生的潜在电磁环境安全问题也逐渐暴露在公众视野中。现有的无线充电系统多是基于电磁感应原理进行工作，即电流流过线圈产生磁场，进而位于磁场附近的线圈产生感应电流，在能量传输过程中一旦产生电磁泄漏，就会对周围的生物和电子设备产生影响，甚至危害人体健康。此外无线充电系统内部的耦合及其与外部环境、车身、底盘等部件的耦合，也存在电磁辐射泄漏的隐患。

SAE J2954 中对人和植入式医疗器械设备在无线充电频段的人体曝露测量位置及要求进行了相关规定。磁场曝露、电场曝露依据 ICNIRP 2010 导则限值分别规定为 27μT 和 83V/m，接触电流在 85kHz 频点限值为 17mA。植入式医疗器械设备限值依据 ISO 14117—2012 在不同测试区域有不同要求。目前，已有 29 家汽车企业支持 SAE J2954 充电标准，包括通用、福特、丰田等在内的 11 家主机厂、4 家商用车及 14 家零部件企业。汽车行业无线充电技术的标准化，只是推动无线充电的第一步，接下来需要解决各车企系统之间的互操作性问题及互操作条件下的电磁兼容问题。

在充分的前期准备和基础技术研究的基础上，我国先后启动《电动汽车无线充电系统通用要求》《电动汽车无线充电系统特殊要求》《电动汽车车载充电机和无线充电设备之间的通信协议》《电动汽车无线充电系统电磁曝露限值与测试方法》等几项国家标准的制定。《电动汽车无线充电系统电磁曝露限值与测量方法》讨论稿中对人体的电磁曝露限值和有源植入式医疗器械的电磁曝露限值做了相关规定，并明确了测试设备、测试状态和测试方法。其中，电动汽车无线充电系统对有源植入式医疗器械的电场曝露限值和接触电流曝露限值的制定依据是 ISO 14117—2012 和 ICNIRP 2010。

电动车辆 WPT 的很多特性都会影响其 EMC 性能，目前国内外在场引导、电流变化抑制，以及谐波抑制等方向研究的 WPT 优化措施，获得了良好的效果。但在无线充电系统的抗扰性目前研究较少，缺乏电磁兼容研究。

2.4.5　EV-WPT 系统国内外产业化现状

在国外电动汽车无线充电产业化应用方面，美国高通 Halo、Evatran、

MomentumDynamics、WiTricity、HEVO POWER，以及加拿大 ELIX 和 Bombardier 等国外各大公司、企业投入了大量财力、物力进行电动汽车无线充电技术的研究。其中美国高通公司的 Halo 系统已实现 3.3k～20kW 的输出功率，整机效率大于 90%；美国 WiTricity 公司面向纯电动汽车和混合动力汽车的无线充电系统 Drive 11，最高可提供 11kW 的输出功率，效率最高达 93%，并在 2018 年与宝马公司合作推出了全球首款出厂配备无线充电功能的汽车——BMW 530e iPerformance，充电功率为 3.6kW；加拿大 ELIX 公司采用磁动力耦合 MDC 技术实现了 7.7kW 的输出功率；美国 Evatran 公司提出的 PLUGLESS 无线充电系统也已实现 3.6kW 和 7.2kW 的功率传输，装置分别定价为 5999 美元和 12999 美元，并为特斯拉 Model S、宝马 I3、日产 LEAF、雪佛兰 volt 等车型提供无线充电技术支持；Momentum Dynamics 公司提出的 Momentum 无线充电系统最大输出功率可达 200kW，效率达 95%，并与美国 Link Transit 公司合作成功将其应用在电动公交车无线充电上。另外，在 2019 年 2 月 11 日 WiTricity 公司宣布收购高通 Halo 公司部分技术平台和知识产权，此前高通和 WiTricity 公司一直与国际标准组织合作，此次收购将有利于标准的统一化，加速电动汽车无线充电的商业化。总体来说，国外各大相关企业在电动汽车无线充电领域处于较为领先的水平，也进行了一定的商业化尝试。

国内也有不少企业开展了电动汽车无线充电技术的研究，主要有中兴新能源汽车、中惠创智无线供电技术有限公司、厦门新页科技有限公司、北京有感科技有限责任公司、苏州安洁无线科技、浙江万安科技股份有限公司、青岛鲁渝能源科技有限公司等。

总的来说，目前电动汽车无线充电产业化应用有一定的基础，但是面向产业化应用仍然存在部分不足。

2.5 电动汽车换电技术

在新能源汽车的使用过程中，可能会遇到包括电池容量衰减、充电桩短缺等一系列问题，换电技术应运而生。换电技术指的是将新能源汽车已经衰减或能量耗尽的动力电池从车身中取出并替换全新动力电池的技术，通过集中型充电站对大量电池集中存储、集中充电、统一配送，并在电池配送站内对电动汽车进行电池更换服务或集电池的充电、物流调配及换电服务于一体的技术，理论上可以实现电动车无间断的运行，而且，换电模式下完成后的电池将一直处于循环使用的过程中，可以一定程度延续动力电池的使用寿命，随时可以消除安全隐患。

在国家层面，推行的电动汽车能源供给方式仍将采用充换电相结合的模式，换电模式作为一种重要的电动汽车发展的探索模式，依然受到了国家的重视，国务院于 2012 年 5 月颁布的《节能与新能源汽车发展规划 2012—2020》中，明确提出要探索新能源汽车及电池租赁、充换电服务等多种商业模式，并鼓励成立独立运营的充换电企业，逐步实现充换电设施建设和管理的市场化、社会化。

换电技术主要分为集中充电模式和充换电模式两种模式。集中充电模式是指通过集中型充电站对大量电池集中存储、集中充电、统一配送，并在电池配送站内对电动汽车进行电池更换服务。这是国家电网公司于 2011 年提出的建设模式。在该运营模式中至少有两种类型的工作站，其中集中型充电站实现对电池的大规模集中充电，而配送站则不具备充电功能，只是作为用户获得更换电池服务的场所。相对于采用充换电模式的电池更换站，这样的运营模式具有更多的优点：①配送站不承担充电功能，没有电网接入的问题，站址选择灵活，以方便用户更换电池为主要规划目标；②集中型充电站充电功率大，且可集中控制充电功率，有利于制定电网友好的充电方案，在时空随机性方面，充电具有优越性。集中充电统一配送方式的主要缺点是：①充电站所需供电容量很大，一般需依托变电站建设，投资成本很高；②需解决电池箱在集中充电站与配送站之间的物流配送问题。

充换电模式是以换电站为载体，这种电池换电站同时具备电池充电及电池更换功能，站内包括供电系统、充电系统、电池更换系统、监控系统、电池检测与维护管理系统等部分。根据所服务车辆类型的不同，换电站主要可以分综合型换电站、商用车电池更换站和乘用车电池更换站三类。目前，国内在北京、上海、杭州等城市已建设有商用车和乘用车电池更换站。在国际上，以色列的 Better Place（BP）公司较早采用了这种充换电模式，其业务模式主要是通过建设充换电设施网络为电动汽车用户提供基础设施及能源供给服务。这种充换电模式在加拿大、澳大利亚、丹麦等国也已经有了现实的应用和推广。Better Place 也与中国南方电网签订了战略合作协议，目前已在广州建成一个电池换电站及体验中心。采用这种充换电模式无需考虑电池的物流配送问题，充满电的电池可以立即用来满足车辆的换电需求。其主要缺点有：①换电站的建设既要考虑地价因素及交通便利性，又要顾及电网接入的问题，站址选择不够灵活；②每座换电站均需配置充电机、电池箱换电设备等，投资大且需要专业维护，日常运营成本高。

但是换电站不同于公共充电桩，这种方式意味着高昂的建造和运行成本。2017 年 12 月 16 日蔚来汽车在其 Nio Day 发布会上正式公布针对私人车主的 Nio Power 换电技术，可以实现 3min 以内完成动力电池的快速更换，是全球首个面向私人用户的汽车换电服务系统。截至 2021 年 12 月，蔚来共拥有换电站 801 座，分布在全国超过 26 个省份，近 48 万名车主已经体验到蔚来的快速换电服务。此外，蔚来还首次实现旗下所有车型使用统一规格标准的电池组，方便不同车型的动力电池更换，同时推出电池租用服务，真正实现私人乘用车市场"车电分离"的商业模式，为新能源汽车企业换电业务的发展树立了行业标杆。

2020 年 8 月 12～13 日，汽标委电动车辆分标委在深圳组织召开 2020 年标准审查会，其中由北汽新能源、蔚来、中汽中心等单位牵头起草的 GB/T 13202—2021《电动汽车换电安全要求》推荐性国家标准通过了审查，标准的制定为换电电动车行业的健康安全发展提供了指导。图 2-10 所示为蔚来汽车换电站，仅需 3～5min 即可完成更换满电动力电池。

图 2-10　蔚来汽车换电站

2.6　电动汽车与电网互动技术

电动汽车储能与电网协调互动（Vehicle to Grid V2G）技术是电动汽车和智能电网发展的必然要求，在电动汽车的空闲时间内利用储能资源，调整充放电过程，实现削峰填谷、促进可再生能源电力吸纳，为电网提供辅助服务，其工作原理如图 2-11 所示。随着新能源电动汽车存量的不断上升,充电负荷对电网日负荷曲线的影响日趋明显,电动汽车有序充电管理存在必然需求。然而除商用车外,家用电动汽车 95%的时间处于停驶泊车状态,开发利用汽车电池空闲时段,为电网提供增值服务,降低甚至抵消电动汽车电费开销,对电动汽车用户是有吸引力的,对电网削峰填谷也是有利的。

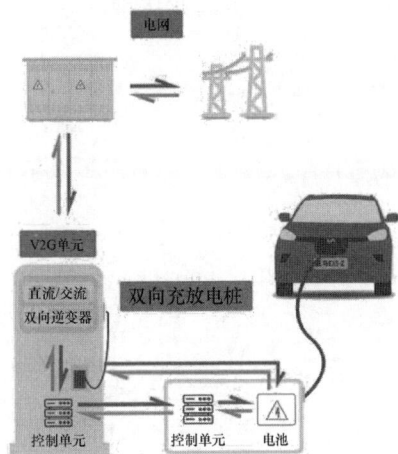

图 2-11 电动汽车储能与电网协调互动

在 V2G 架构下,电动汽车同时具备源、荷二重属性,克服了传统电源与电网"双向通信,单向输能"的局限,凭借"双向通信,双向输能"的特性同时惠及电网侧与用户侧,实现平抑电网负荷、提升可再生能源消纳、改善用户经济效益、减少网损等综合优点。从国家电网的角度,V2G 可以起到调节电网的作用,在用电高峰期让电动汽车向电网放电,在用电低谷时给车辆充电,减轻电网的负载压力。从车主及消费者的角度,在用电低谷时用较低的电价给汽车充电并储存电量,而在用电高峰期用较高的电价向电网输送电力,低谷和高峰期的电价差可以为给车主带来一定的经济收益,从而进一步降低电动车车主的用车成本。V2G 的实用化推广迎合了国家发展"节约型社会"的战略决策,突破原有电网运营模式,实现发、输、配、用方互利互惠的共赢局面。

国内外各大企业开始陆续研发 V2G 双向充电技术。本田和特斯拉均在研发无线双向充电技术。新能源汽车威马宣布与国家电网联合,成为首家落地应用 V2G 技术的造车新势力,且顺利通过全项 V2G 技术的车、桩实测及道路测试。

国内 V2G 发展主要分为几个阶段：2020 年及之前，主要开展小批量多批次的 V2G 试验验证，参与互动的电动汽车数量可控制在 10～300 辆，该阶段主要任务是验证多台电动汽车与电网互动技术，实现多辆电动汽车的有序充放电；2020 年～2025 年，主要开展规模化电动汽车（数量一般不少于 500 辆）与电网互动的示范运行；2026 年之后，逐步商业化推广。

第3章

电动汽车充电设施检测标准及原理

3.1 电动汽车充电设施检测标准

电动汽车充电设施检测标准涉及的相关理论主要参照直流充电设施检测相关规范。参考实践标准及依据如下：

GB/T 18487.1—2015《电动汽车传导充电系统 第1部分：通用要求》

GB/T 20234.1—2015《电动汽车传导充电用连接装置 第1部分：通用要求》

GB/T 20234.3—2015《电动汽车传导充电用连接装置 第3部分：直流充电接口》

GB/T 27930—2015《电动汽车非车载传导式充电机与电池管理系统之间的通信协议》

Q/GDW 1591—2014《电动汽车非车载充电机检验技术规范》

NB/T 33001—2010《电动汽车非车载传导式充电机技术条件》

NB/T 33008.1—2013《电动汽车充电设备检验试验规范 第1部分：非车载充电机》

Q/GDW 1233—2014《电动汽车非车载充电机通用要求》

Q/GDW 1235—2014《电动汽车非车载充电机通信协议》

Q/GDW 1591—2014《电动汽车非车载充电机检验技术规范》

《国家电网公司电力生产设备评估管理办法》

《国家电网公司十八项电网重大反事故措施（修订版）》

3.2 测试系统结构及原理

移动检测平台包括接口模块装置、负载模块装置和供电装置，其中充电桩直流电压输出端插头与接口模块装置插座连接，检测平台的接口模块装置及负载模块装置均与工控机通信，工控机通过通信接口对各设备进行集中控制。

接口模块装置由控制导引电路组成，设备带有各回路通断及接地短路故障模拟开关，并配置 R_4 可调电阻，满足现场充电桩互操作性测试要求。

负载装置模块包括可控式电阻器，其输入端与电压采集单元及电流采集单元相连，电压采集单元及电流采集单元能够分别采集传输至负载装置的电压信号、电流信号，并将采集到的电流和电压数值通信至控制装置。可控式电阻器控制信号输入端与控制装置相连。负载装置的阻值大小由控制装置进行调节。

供电装置为光伏储能系统，可提供系统各仪表设备工作电源，光伏发电逆变为蓄电池充电储能，同时蓄电池与双向变流器配合可模拟真实电动汽车电池测试充电桩，电流可范围内调整。设备系统供电电路图如图 3-1 所示。

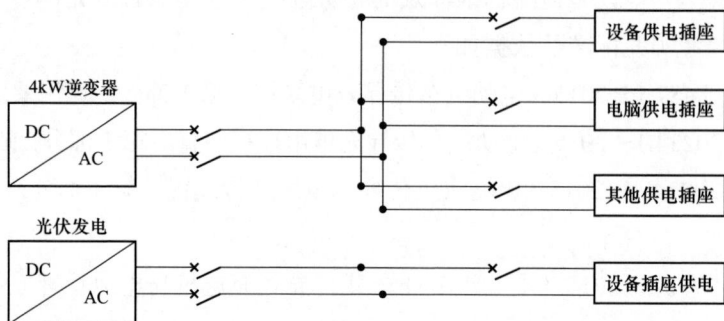

图 3-1　设备系统供电电路图

数据处理模块为便携式计算机。其使用并行总线接口与控制装置连接，能够对传来的数据进行处理，实时显示测量数据和波形图，并能够自动生成 Word 版本报表。处理装置具有开始测试及停止测试自动控制功能，可控制整套装置的开始和停止。设备系统通信电路图如图 3-2 所示。

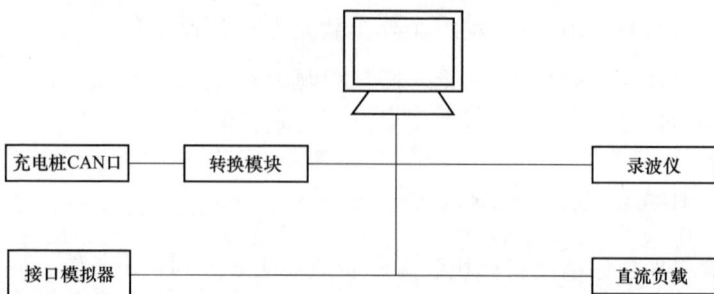

图 3-2　设备系统通信电路图

该检测平台主要配备光伏板、可编程直流负载、录波仪、锂电池组、DC/DC变流器、供电逆变器、直流车辆接口模拟器、集成控制系统（工控机、系统配套软件）及其他通信辅助设备等。系统工作拓扑图如图3-3所示。

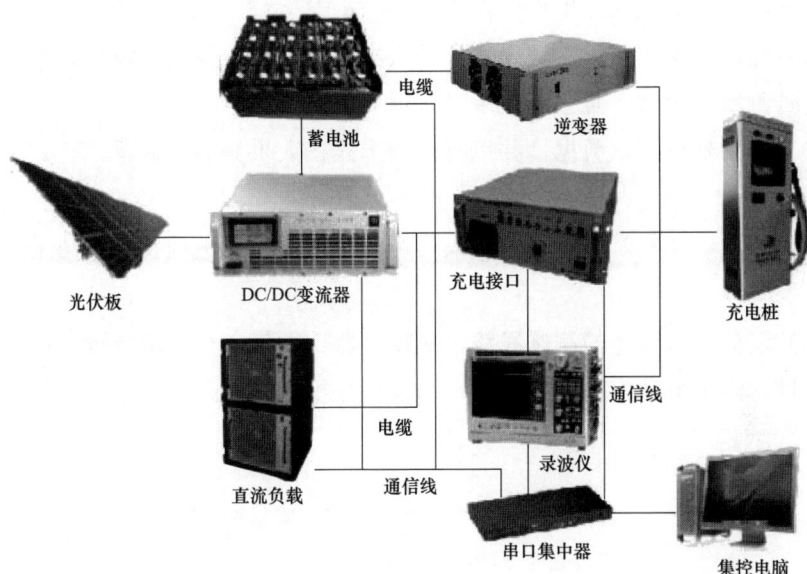

图3-3 系统工作拓扑图

移动测试车辆配备扩展快速铺开柔性单晶电池板和锂电池组，通过DC/DC光伏变流器，给储能锂电池组充电，通过逆变器逆变为整车设备提供220V/50Hz的交流电源，电池电量不足时可通过直流充电桩经双向变流器给锂电池组补充电能；并设有备用交流电网接入点，必要时也可采用电网供电。充电桩电能输出经过车辆接口模拟器被充电桩移动检测平台内部负载模块吸收，在运行过程中对充电桩的互操作性和协议一致性等功能进行测试验证。同时，DC/DC变流器加上锂电池组可以模拟车辆电池包的多种电池特性，为待测直流充电桩真实模拟在线充电试验。满足60kW非车载充电机和63A及以下交流充电桩单桩的电气性能、安全性能、互操作性测试、协议一致性等方面的检测功能系统集成软件可对所有测试设备进行集成，测试软件通过对程序化的测试项目进行批次执行，并控制录波仪等测试仪表对当次测试中的数据和图像进行采集捕捉，通过逻辑判断完成对测试结果的评判，最后自动生成测试报告，并以图形和报表的方式展现出来，针对各个项目给出测试参数和Pass/Fail判断。在进行现场实地测试时，可将测试一体化车辆开进现场。因为设备都集成在车辆内部，在测试时，只需进行简单的插拔式接线就可以完成测试工作。

与传统的测试方法相比，此移动式测试平台具有以下优点。

（1）测试精度高，可有效记录实时电流、电压波形，可回溯程度高。记录准确度高，可有效反映充电桩工作性能。

（2）测试过程按照设定程序执行，大大减少测试人员工作量，并可保证数据的实时测量、记录，且数据记录量远远高于人工记录。

（3）自动处理测试数据，并以直观的形式在人机界面上显示，有效减少人工计算量。

（4）测试数据实时通信，测试人员可实时把握测试进程及测试结果，发现问题可及时处理。

（5）避免接入较多的测试线路，测试仪器功能集中于控制装置，可有效减少接线量，满足电动汽车充电桩及现场检测分析。

第4章

非车载充电机现场测试系统集成

4.1 系统实施方案

针对充电设施现场特定环境下的检测，提出基于车载式一体化现场检测系统，对于贯彻"绿色出行、低碳生活"的理念提供重要保障，对构建以电动汽车、新能源汽车为主的公交车、出租车体系，包括步行道、自行车在内的绿色交通系统具有重要意义。

为开展基于储能电池的与 120kW 以下非车载直流充电设施及 63A 交流充电设施现场测试，车载式一体化现场检测系统组成拓扑所需硬件及相关指标如下：

（1）测试设备移动载体，满足固定测试设备安装的需求，含有工控机及显示器、测试接口、扩展接口，设备供电系统（至少两路）：一路外接 220V 交流电、一路接储能电池，功率不小于 3kW，涵盖箱体改造、一二次线、布局设计等。

（2）可编程直流负载，单机容量为 60kW，实现电动汽车动力电池组的仿真功能，采用二组并联负载实现 120kW 充电桩带载测试，单体负载电压接入范围 200～1000V，电流加载范围 0～120A，负载可单独使用也可并机使用。

（3）可编程交流负载，实现电动汽车车载充电机模拟功能。设备最大三相带载能力 70A，满足 63A、32A、16A 三相或单相交流充电桩测试功能。标称电压为 230V/50Hz，单相相电压接入范围 AC 0～255V。由两组模块组成，两组并联可实现两台 32A 交流充电桩或 63A 单台交流充电桩测试。

（4）直流桩现场计量检定设备，电压测试范围 DC 10～1000V，电流量程范围 300A，精度优于 0.05%。

（5）交流充电桩计量检定装置：实时测量单相或三相交流电流、交流电压、有功功率、无功功率、频率、相位、交流电能等电参量，标准电能脉冲输入、输出接口，实现对交流电能表误差检验，交流电压测量范围 30～480V，交流电流测量范围 0.01～70A，交流电能准确度 0.05%。

（6）直流车辆接口电路模拟器，带有 R4 电阻仿真模拟功能，可满足不同的等效电阻值仿真功能，每一路触点带有可通断的开关和信号采集接口。

（7）交流车辆接口电路模拟器，用于交流充电桩互操作性测试，仿真车辆端充电枪接口。设备带有 R2、R3 电阻模拟器等效电阻仿真功能，设备带有 L1、L2、L3、N、PE、CP、CC 各个触点回路通断的开关，可实现各路通断故障状态仿真模拟功能。

（8）储能锂电池组采用磷酸铁锂电池，包括锂电池组、电池管理系统及箱体三部分内容。单体标称容量不小于 80Ah，标称电量不小于 18kW，标称电压不小于 250V。

（9）多通道录波仪，主机一套，配备 6 个高速 10MS/S，12-Bit 绝缘模块（两通道），配备 1 个 CAN 总线监视模块，配备 4 个 1400Vpk 100MHz 高低压差分探头。

（10）逆变器，额定输入电压（V_{dc}）180～270V，额定输入电流 20A，交流输出容量 4000VA，输出电压 220V_{ac}。

（11）绝缘状态模拟器，电压接入范围 0～1000V，电阻模拟器范围 5k～600kΩ，电流 0.1A，精度小于 2%。

（12）系统开关柜，带有两路互锁进线开关、照明、操作系统、设备等多路供电开关；带有直流负载、交流负载、DC/DC 变流器、接口模拟柜、录波仪、集控系统等供电开关。

（13）并机柜，带有 DC/DC 变流器接入开关、两路直流负载接入开关、并机开关，以及实现一桩双枪的负载接入切换。

（14）DC/DC 双向变流器，DC/DC 双向变流器输出电压范围 300～950V，连续可调，功率不小于 30kW。

（15）高精度功率分析仪（选配），电压接入范围 0～1000V，电流直采最大10A，精度优于 0.1%。

（16）直流充电枪延长线，延长线规格 10m；接口定义符合 GB/T 20234.3—2015《电动汽车传导充电用连接装置　第 3 部分：直流充电接口》规定的要求。

（17）监控系统，实现现场测试环境的监控。

（18）软件系统，实现系统的集成控制功能及自动测试报告的生产。

（19）其他附属设备及电力电缆、通信电缆等。

直流测试系统设计为：锂电池系统加 DC/DC 变流器，通过设置 DC/DC 变流器的输入输出电压变比可以实现模拟任意电压的电池组，实现现场测试真实电池的工况，可以测试 AC/DC、DC/DC 充电机的性能，同时储能锂电池组，通过离网逆变器可以作为 UPS 电源使用，实现整个系统的供电。其能量流为：测试时候充电桩通过接口模拟器给电池充电，电池通过离网逆变器消耗电能，测试过程不浪费电能。当离网逆变器消耗电能小于充电机输出电能时，可以通过直流负载消耗。

交流测试系统设计为：两套 25kW（35A）交流负载、两套交流车辆接口模拟器、交流两个 35A 通道，可并机实现 70A 的带载，一套录波仪通过网线和系统相连，交流测试系统设计图如图 4-1 所示。

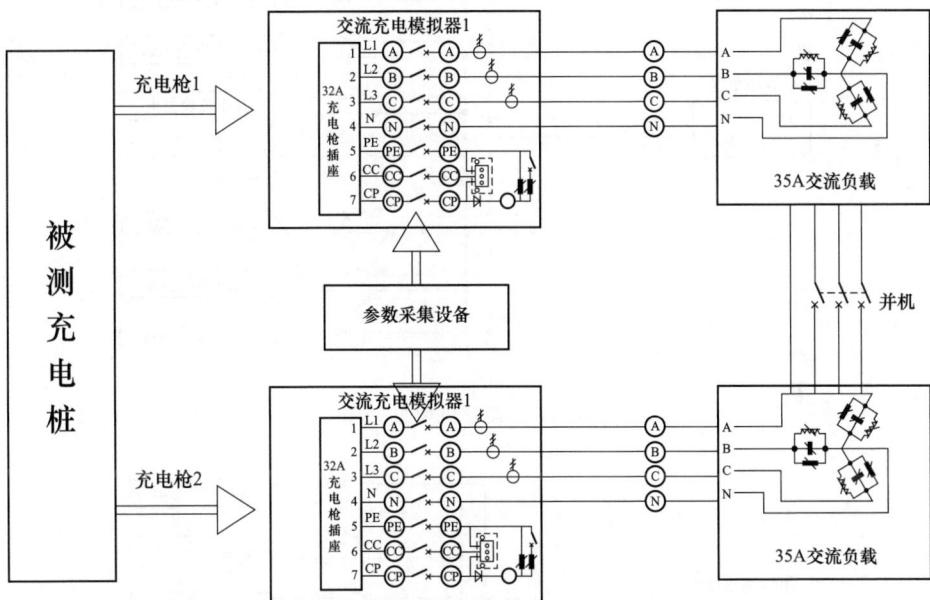

图 4-1　交流测试系统设计图

通信系统设计为：两路 USB 转 CAN，一个 16 口摩沙通信集中器，可以实现所有设备的通信控制，通信系统设计图如图 4-2 所示。

设备设计结构为：一路 4kVA 的离网逆变器，给负载、接口等间歇性动作的设备供电，设备供电设计图如图 4-3 所示。

仪器设计架构为：另一路 4kVA 的离网逆变器，给采集仪器和电脑供电，避免设备启动冲击影响采集仪器和电脑的工作，仪器供电设计图如图 4-4 所示。

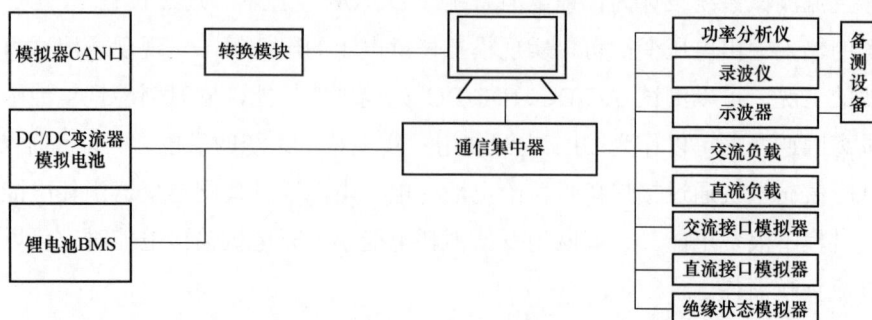

图 4-2　通信系统设计图

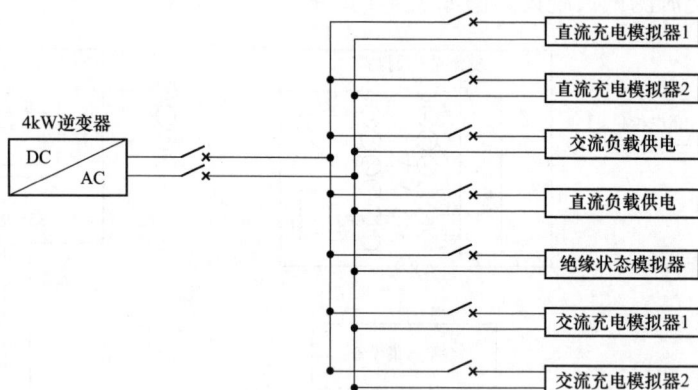

图 4-3　设备供电设计图

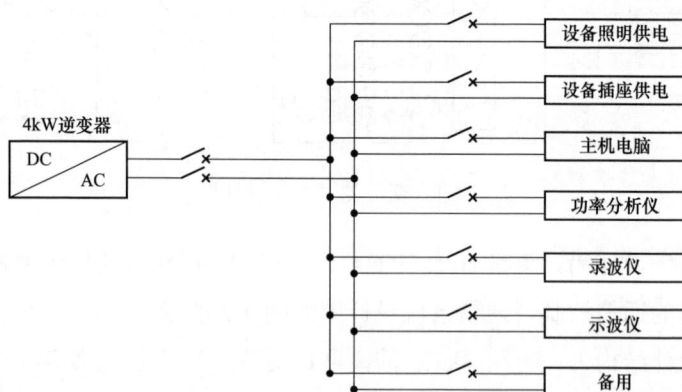

图 4-4　仪器供电设计图

安装布局示意图：移动测试车设计及选型应充分考虑移动式的要求和现场应用的特点，采用长度 6m 以下的特种车辆进行改装，车内设备及接口等要合理布局，方便使用，易于操作；走线应规范合理，便于检修，布局架构如图 4-5 所示。

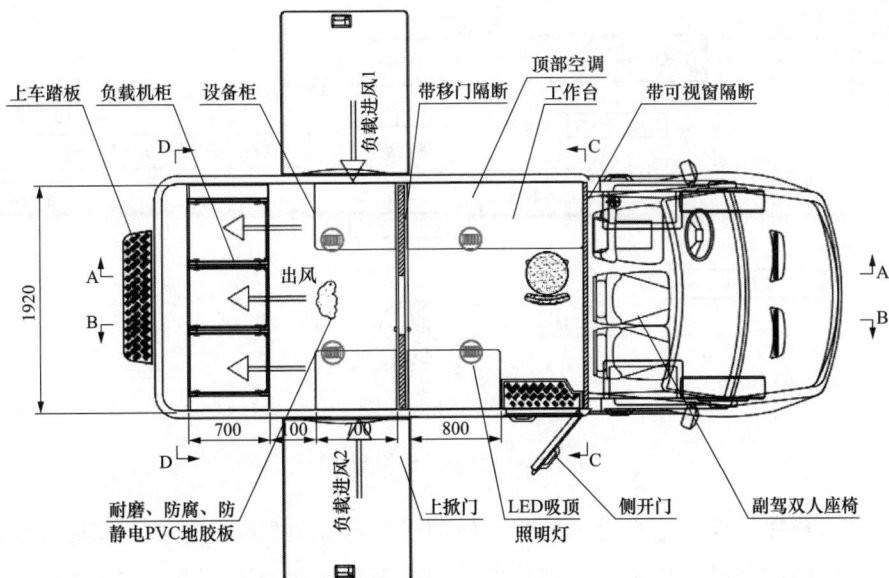

图 4-5 移动测试车设计图

4.2 系统设备组成

测试平台主要包括移动载体改装车辆、可编程直流负载、直流车辆接口模拟器、绝缘状态模拟器、锂电池组、DC/DC 变流器、供电逆变器、系统供电开关柜、系统控制柜、录波仪、集控系统（系统配套软件、操作台、工控机）及其他通信辅助设备等部分组成。

以上试验设备为本测试平台的标准配置。根据现场测试工作需要，还配置有直流充电桩计量检定装置 CPMT-1600，满足充电站现场直流充电桩电能计量检定测试及直流充电桩计量摸底等测试要求。

系统工作原理如图 4-6 所示。

移动测试车辆内置锂电池组，通过逆变器逆变为整车设备提供 220V/50Hz 的交流电源，电池电量不足时可通过直流充电桩经双向变流器给锂电池组补充电能；并设有备用交流电网接入点，必要时也可采用电网供电。充电桩电能输

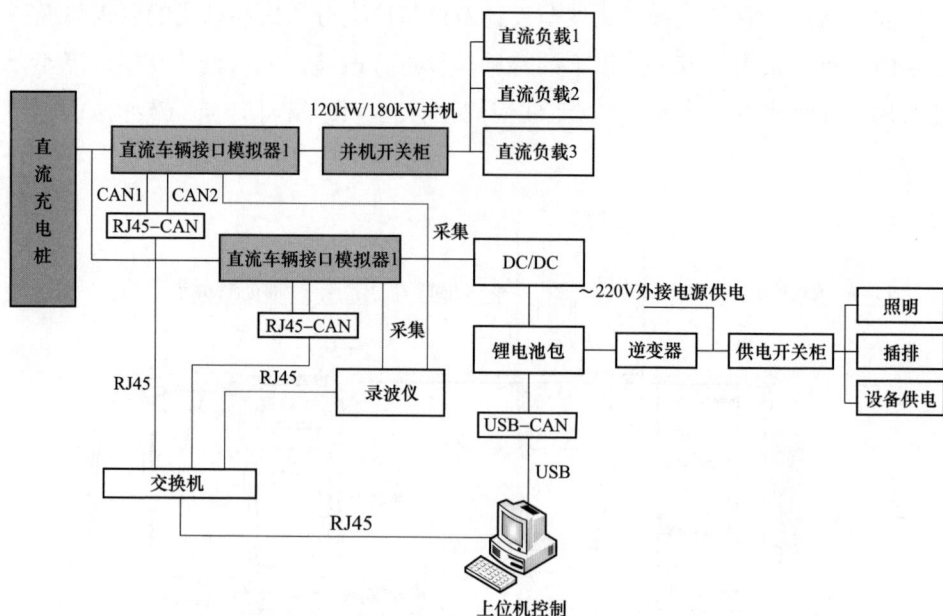

图 4-6　系统工作原理图

出经过车辆接口模拟器被充电桩移动检测平台内部负载模块吸收，在运行过程中对充电桩的互操作性和协议一致性等功能进行测试验证。同时，DC/DC 变流器加上锂电池组可以模拟车辆电池包多种电池特性，为待测直流充电桩真实模拟充电试验。其中，直流测试负载分为两个通道，可实现一桩双枪的带载测试，并机实现功率叠加。系统集成软件可对所有测试设备进行集成，测试软件通过对程序化的测试项目进行批次执行，并控制录波仪等测试仪表对当次测试中的数据和图像进行采集捕捉，通过逻辑判断完成对测试结果的评判，最后自动生成测试报告，并以图形和报表的方式展现出来，针对各个项目给出测试参数和 Pass/Fail 判断。

　　设备布局为车辆两侧机柜可摆放两套直流接口模拟器、开关控制器、并机控制器、绝缘电阻模拟器、离网逆变器等设备；集控室内摆放一套 18kWh 锂电池系统及一套 50kW DC/DC 变流器、集控台、监控设备，车辆后端摆放三组 60kW 可编程直流负载机柜，负载采用后进风前出风散热方式，保证车舱内不会因为负载散热而温度过高；所有设备均为采用前面操作，后部接线；测试时打开侧门连接枪头及采集设备，即可对充电桩进行自动测试，操作简单快捷。平台配置清单见表 4-1。

表 4-1 平 台 配 置 清 单

序号	名称	数量	备 注
1	直流测试负载	3 台	实现电动汽车动力电池组的仿真功能。设备总容量 180kW，电压接入范围 200～1000V，由 4 组模块组成，每组模块功率 60kW，三组并联可实现两台分别为 60kW 和 120kW 充电桩或 180kW 单台充电桩测试
2	直流车辆接口模拟器	2 台	带有充电枪标准接口，实现充电接口各个触点仿真，可满足 DC＋、DC－、PE、S＋、S－、CC1、CC2、A＋、A－各个触点及开关 S 通断的仿真模拟，实现各路故障状态仿真。既满足手动操控又可以远程加载，内置电池电压模拟器
3	绝缘电阻模拟器	1 台	接入电压 0～1000V，绝缘电阻可调范围：10～610kΩ。用于充电桩绝缘电阻的仿真功能试验
4	DC/DC 双向变流器	1 台	输出电压范围 300～950V 连续可调，功率不小于 30kW
5	锂电池组	1 组	采用磷酸铁锂电池，包括锂电池组、电池管理系统及箱体三部分内容。单体标称容量不小于 80Ah，标称电量不小于 18kW，标称电压不小于 320V
6	离网逆变器	1 台	额定输入电压（V_{dc}）180～270V，额定输入电流 16.7A，交流输出容量 4000VA，输出电压 220V_{ac}
7	系统供电开关柜	1 台	市电和内部供电切换，实现电脑、测试仪器、负载、照明、传感器、接口模拟器等系统内所有设备的供电
8	系统控制柜	1 台	带有 120kW 和 180kW 两路直流负载接入开关，并机开关、实现一桩双枪的负载接入切换
9	直流充电枪延长线	1 根	延长线规格 10m；接口定义符合 GB/T 20234.3—2015《电动汽车传导充电用连接装置 第 3 部分：直流充电接口》规定的要求
10	录波仪	1 台	8 个输入模块可实现最多 16 路信号采集功能，带有 1 个 CAN 总线监视模块，配备 4 个高压差分探头，电压输入范围±1400V，采样率 100MHz
11	集控系统	1 套	含工控机、控制台、显示器、串口服务器、供电插座等
12	直流充电桩自动测试软件	1 套	可满足直流充电桩的互操作性、协议一致性及现场检测规范要求的测试项自动测试功能
13	移动测试车辆	1 辆	采用长度 6m 特种车辆进行改装，满足测试设备安装的需求，包括地板改造、一二次线、测试车辆内部布局改造等

4.3 设备功能及技术

4.3.1 移动测试车

移动测试车设计及选型应充分考虑移动式的要求和现场应用的特点，采用长度 6m 特种车辆进行改装。

移动测试车内应合理布局，充分考虑移动式特点、操作人员的安全、设备的通风散热、现场的操作方便性等因素，应能够容纳测试平台所需的直流测试负载、直流车辆接口电路模拟器、双向变流器、逆变器、锂电池组、系统开关柜、系统控制柜、操控室及测试台、主要测试仪表等设备，并预留足够的操作空间和维护通道。

移动测试车内设备及接口等要合理布局，方便使用，易于操作；走线应规范合理，便于检修。

移动测试车内设备放置区应结合具体设备的效率及散热方式进行必要的风道设计，具备能够自动开启的散热通风装置。

移动测试车内部备用电网供电采用外接电源，采用暗装斜插式 5P 专用插头，IP 防护等级不小于 IP54。

移动测试车车身可根据要求喷涂粘贴彩条和行业相关标识，具体内容订货时协商。

移动测试车改造还包括直流负载、直流车辆接口模拟器、系统控制柜、开关柜、控制台等设备安装，地板改造、内部电路改造、通风改造、外观改造（标识喷涂外观喷涂、照明灯、插座设计等）。

4.3.2　可编程直流负载

设备采用 8U 标准模块化设计，可安装于标准机柜，也可安装于便携箱，可实验室使用和现场测试使用。

设备带有远程控制软件、RS-485 通信接口等可实现远程控制功能。

设备带有指示灯，可实时显示当前加载状态。

设备具有最大带载电流保护值功能。

设备具备模拟各种电动汽车动力电池充电全过程的能力，如恒流模式、恒阻模式、恒压模式等。

设备具备恒流放电功能，可以设定加载电流值、加载时长、加载电压值等参数。

设备具备恒阻放电功能，可以设定加载电阻值、加载时长、加载电压值等参数。

设备具备恒压放电功能，可以设定加载电压值、加载时长、加载电流值等参数。

设备具备远程 PC 机控制功能，可以实现全部自动控制部分的功能。

上位机软件可以打印电压、电流、功率、电阻等曲线图及数据表格。

具备安全警报功能及自动保护功能，冷却风扇故障，放电负载能自动停止加载。

具备极性接反保护、短路保护、过流保护、过载、过温等多项安全自动保护功能，保证仪表在长时间大电流放电过程中的安全稳定；设备带有继电保护、短路保护、软件保护等装置。

设备采用高效能合金材料，符合 UL 安全规格，放电时负载不产生红热现象。

设备带有电压、电流校准修正功能，可以随时对仪表的测量值进行校准修正，保证仪表长时间使用的测量精度。其技术参数见表 4-2。

表 4-2　　　　　　　　　　可编程直流负载的技术参数

设备名称	可编程直流负载
接入负载电压（V）	DC 200～1000
负载带载电流范围	200～500V：120A、500～750V：90A、750～1000V：60A
电流测量分辨率（A）	0.1
电流测量精度	±0.5%Fs
总电压测量精度	±0.2%Fs
温度测量范围（℃）	0～100
温度测量精度（℃）	±1
温度测量分辨率（℃）	0.1
定时范围	0～99h 59min
环境要求	−10～50℃，5%～90%
输入阻抗（MΩ）	1 以上
耐压绝缘（V）	1000 以上
散热方式	强制风冷式
工作电源	AC220V±10%，50Hz
平均无故障时间（h）	MTBF≥51000
尺寸：$L \times W \times H$（mm）	粗调：483×457×355 细调：483×457×355
重量（kg）	粗调：20 细调：20

4.3.3　直流车辆接口模拟器

直流车辆接口模拟器如图 4-7 所示。设备采用 4U 标准模块化设计，可安装于标准机柜，也可安装于便携箱，可以同时满足实验室与各种现场测试使用。

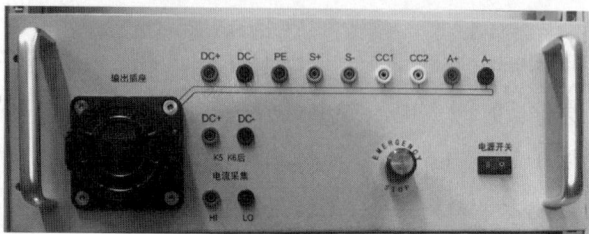

图 4-7　直流车辆接口模拟器

设备带有 250A 标准充电枪插座，插座定义满足 GB/T 20234.3—2015 标准规定的要求。

可实现车辆直流充电接口电路模拟，具备 DC＋、DC－、PE、S＋、S－、CC1、CC2、A＋、A－等引脚连接线的通断功能。

带有 4mm 标准安全接口，可实现各路信号的采集，以及开关两侧信号的采集功能。

设备带有 R4 连接确认电阻模拟功能，电阻调节范围 100～2999Ω，调节步进 1Ω，阻值可根据需要手动调节或通过上位机调节。

设备上位机软件带有 R4 电阻阻值显示和设置功能，可实时查看和设置 R4 电阻的阻值，通过远程通信进行实时调节。

设备上位机软件带有 A＋/A－电压、CC1 电压、CC2 电压、充电电压、电池电压、DC＋/DC－电流等显示功能，测试过程中可实时显示当前的电压值、电流值。

设备带有检测点 2 处上拉电压 U_2 仿真模拟功能，可模拟检测点 2 的上拉电压 U_2 电压值。

设备带内置高精度电流霍尔传感器，最大可实现 300A 电流信号采集，可直接通过外采设备实现电流采集。

设备内置电池电压模拟器，电压模拟范围 0～900V，电流最大输出 0.5A，电压测量精度 0.5%FS，可实现电池包端电压的模拟功能。

设备带有负载接入接口，可实现电阻负载模式、电池负载模式和混合负载模式的接入，配合其他设备满足充电桩互操性测试的要求。

设备带有紧急停止按钮，第一时间切断各回路，保障人身和设备安全。

设备后面板带有两个 CAN 通信接口，通过 CAN 通信接口可实现车辆与充电桩的通信信息交互，以及对充电接口模拟器的远程控制功能。

设备配备远程控制软件，可实现加载过程中设备所有参数的控制和参数配置功能。

设备供电电源 AC220V±5%，50Hz。

4.3.4 绝缘电阻模拟器

绝缘电阻模拟器如图 4-8 所示。

图 4-8 绝缘电阻模拟器

绝缘电阻模拟器由纯电阻组成，电阻阻值大小可调节。

便于携带，模块化设计。

可实现充电桩正极对地、负极对地绝缘电阻仿真功能。

控制方式：PC 机远程控制和现场手动控制两种方式。

可承受直流电压：0～1000V（绝缘状态仿真）。

模拟电阻：阻值连续可调，调节范围 10～610kΩ，步进≤10kΩ（绝缘状态仿真），电阻误差：≤±2%。

额定电流：0.1A。

短时负荷耐受能力：10 倍功率，5s。其技术参数见表 4-3 所示。

表 4-3 绝缘电阻模拟器的技术参数

序号	项目	技术指标
1	阻值范围（kΩ）	10～610
2	可承受直流电压（V）	0～1000

序号	项目	技术指标
3	额定电流（A）	0.1
4	电阻误差	≤±2%
5	短时负荷能力	10 倍功率 5s
6	电阻最小步进值（kΩ）	10

4.3.5 DC/DC 双向变流器

DC/DC 双向变流器如图 4-9 所示。

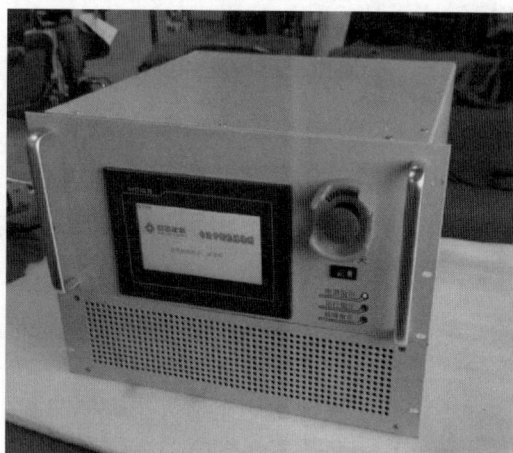

图 4-9 DC/DC 双向变流器

DC/DC 变流器输出端能保持电压，当外部电势高于设定电压时，吸收电能，当外部电势低于设定电压时，释放电能。

DC/DC 变流器带有恒压、恒流输出功能。

输出可以模拟多种电池特性，可设置不同串并联节数、不同 SOC 下电池的充放电特性，也可按客户需求自定义电池模型输出。

具有双向运行功能，同时具有电源、负载两种特性。

DC/DC 变流器加上锂电池组可以模拟车辆电池包和充电机充电模块。

IGBT 式电路方式，纯数字控制。

可通过充电枪提供的电能给锂电池组补充电能。

操作界面：大屏幕液晶。

输入保护：过压、过流。

输出保护：过压、过温、过流。

为满足现场移动测试要求每个模块的重量不超过 50kg。其技术参数见表4-4。

表 4-4　　　　　　　　DC/DC 双向变流器的技术参数

序号	项目	技术指标
1	输出电压范围（V）	300～950 可调
2	功率（kW）	不小于 30
3	电压控制精度	$\pm0.5\%F_s$
4	电流控制精度	$\pm0.5\%F_s$
5	电压纹波（rms）	$0.2\%F_s$
6	动态响应时间（ms）	≤10（10%～90%突加载，前端输入电压变化 5%以内）

4.3.6　离网逆变器

离网逆变器如图 4-10 所示。

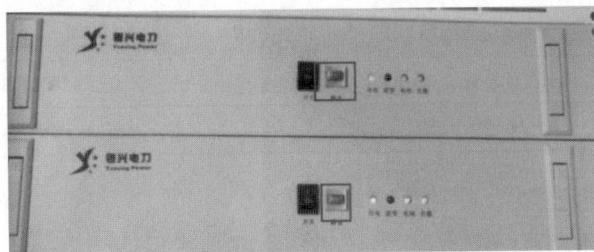

图 4-10　离网逆变器

采用 CPU 控制，线路简捷、可靠；智能开关机，自动化程度高，操作方便。

采用 SPWM 脉宽调制技术，输出为稳频稳压、滤除杂讯、失真度低的纯净正弦波。

显示：工作状态、市电电压、输出电压，电池电压、频率、负载电流、等信息清晰明了；并且有声光故障报警、指示故障等功能。

内置旁路开关，市电和逆变快速切换。

电池电压过高或过低，逆变电源关断输出，如果电池电压恢复正常，电源自动恢复输出。

负载过载，逆变电源关断输出，消除过载之后 50s，电源自动恢复输出。

通信功能，提供 RS232 接口，利用监控软件实时了解电源工作情况；提供两组无源干结点，分别用于直流输入故障和交流输出故障告警。

体积：482（宽）×88（高）×435（深）mm，重量：12kg。其技术参数见表 4-5。

表 4-5　　　　　　　　　　　　离网逆变器的技术参数

序号	项目	技术指标
1	额定输入电压（V，DC）	180～270
2	额定输入电流（A）	16.7
3	交流输出容量（VA）	4000
4	输出电压（V，AC）	220
5	频率（Hz）	50
6	输出电压精度（V）	220±1.5%
7	输出频率精度（Hz）	50±0.1%
8	波形失真率（THD）	≤3%
9	动态响应时间	5%（负载 0←→100%）
10	功率因数	0.8
11	过载能力	120%，30s
12	逆变效率	≥87%

4.3.7　锂电池组

如图 4-11 所示，锂电池组要求采用磷酸铁锂电池，包括锂电池组、电池管理系统及箱体三部分内容。

图 4-11　锂电池组

锂电池组模块化设计，满足现场测试要求。

锂电池组箱体内装有电芯、从控模块（采集和均衡）、控制继电器等。

单体标称容量不小于 80Ah，标称电量不小于 18kW，标称电压不小于 230V。

工作电压范围至少 DC：201.6～259.3V，最大持续电流 200A，峰值电流瞬时不小于 300A＜10s。

锂电池组使用循环寿命不小于 2000 次。

电池管理系统实时监控功能，包括电池组荷电状态、电池组及单体电压、电流、温度、绝缘状态等。

电池管理系统电流检测范围－200～＋200A。

电池管理系统总电压监测范围 0.1～400V，精度≤0.5%。

电池管理系统单体电压监测范围 0.1～4.5V，误差±0.5%。

其他误差功能要求参照 QC/T 897—2011。

为满足现场移动测试，要求每个模块的重量不超过 36kg。

4.3.8　系统供电开关柜

系统供电开关柜如图 4-12 所示，用于市电和内部供电切换，实现电脑、测试仪器、负载、照明、传感器、接口模拟器等系统内所有设备的供电。

图 4-12　系统供电开关柜

带有直流负载、DC/DC 变流器、接口模拟柜、录波仪、集控系统等供电开关。

柜体按 19 寸标准机柜要求模块化设计。

各设备的供电接口为快速接口。

带有漏电保护功能。

4.3.9 系统控制柜

系统控制柜带有 120kW 和 180kW 两路直流负载接入开关，并机开关、实现一桩双枪的负载接入切换。如图 4-13 所示。

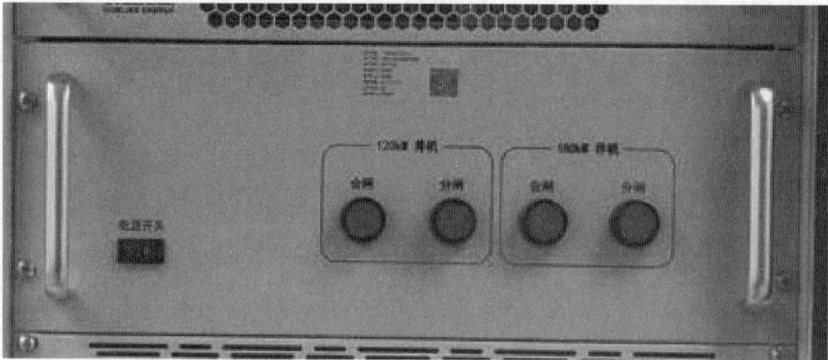

图 4-13　系统控制柜

4.3.10　录波仪

录波仪如图 4-14 所示，设备带有 10.4 英寸真彩 TFT 液晶显示屏。

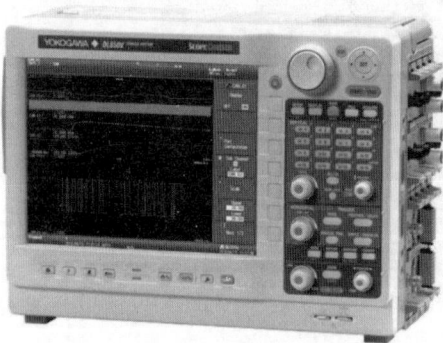

图 4-14　录波仪

设备最多 32 通道，最大 128 通道电压/温度测量，最大 128-bit 逻辑测量。车辆版最多 336 通道，同时最大波形显示数 64 条×4 屏。

最高采样率：100MS/s 可以记录 20 秒，最高分辨率 16-bit，最高 1kV 绝缘测量。

容量存储空间（2GPts）最长可记录 200 天，支持 GIGAZOOM2 快速双波形缩放。

内置 500GB 硬盘，可以以 100kS/s 速度 16 通道同时测量 10 天。

时间轴精度±0.005%。

可以同时显示 3 条，除主波形外还可以显示 zoom1、zoom2、XY1、XY2、FFT1、FFT2 中的两条。

双捕获功能以两种不同采样率执行数据采集，主波形最高采样率 100kS/s，子波形最高采样率 100MS/s。

检测和通知异常波形、判断通过/失败——GO/NO-GO 判断。

支持 USB 外设接口、USB-PC 接口、GP-IB 接口、IRIG 输入、以太网口、SD 卡槽、外部触发输入/输出、外部时钟 I/O、EXT I/O、视频信号输出。

波形参数显示可达 24 项。

可定义最多 16 条运算波形，可进行加、减、乘、除、二进制运算、相移、功率谱运算、差分、积分、角度、D-A 转换、四阶公式、有效值、有功功率值、积分功率值、对数、平方根、SIN、COS、ATAN、电角度、多项式加减、频率、周期、边沿计数、PWM、ABS、SQRT、F1、F2、DUTYH、HLBT 等。

17 种插拔模块，如高速电压、16 通道电压、温度、应变、加速度等，可灵活对应各种测量。

IsoPRO 技术提供了最高的速度和业界领先的绝缘性能，通过高速光纤传输，模拟实现了高速 ADC 时钟和数据绝缘。

使用 16 通道电压输入模块时，即使 16 通道全部使用也可以以 10kS/s 的采样率执行测量。

逻辑输入模块可以高达 10MS/s 速度，完成从 TTL 电平到高电压接点闭合测量，最多可以监视并执行 128-bit 逻辑测量。

执行高速重复测量时，看到异常现象后即使按停止键屏幕上也不会再显示该波形，通过历史功能，可以对大容量存储空间进行分割并自动保存多达 5000 屏历史波形，并可以回放、搜索这些波形。

拥有运算专用数字信号处理器（DSP：digital signal processor），采集波形时可以实时执行通道间运算。通道间运算功能十分强大，可以按通道分别设置滤波运算。除 FIR、IIR、高斯函数、移动平均数字滤波外，还可以选择带系数的四则运算、积分和微分、高阶函数运算等 35 个独特功能。

供多种信号触发功能，如示波器通用的边沿触发、延迟触发、脉冲宽度触发、事件周期触发、窗口触发等，能准确捕捉各种各样的波形。使用自动触发模式，可在每次捕捉到波形时自动显示在屏幕上。另外，在监测电源波形时，搭载了波形窗口触发功能，在突发断电，电压骤降和出现浪涌电压时，会自动保存波形。还可根据实际波形设置波形窗口，当被测信号超出允许范围时，产生触发。

配备 8 个信号输入模块，采样率 10MS/s、分辨率 12-Bit、带宽 3MHz、输入通道数 16 路（2CH/模块）、最大输入电压 600V DC，200V AC、DC 精度 ±0.5%。

配备 1 个 CAN 总线监视模块，采样率 100kS/s，最大输入电压 10V。

配备 4 个电压输入范围 ±1400V、采样率 100MHz 高低压差分探头及 4 路专用电源探头电源。

4.3.11　直流充电枪延长线

直流充电枪延长线规格为 10m。

延长线接口定义符合 GB/T 20234.3—2015《电动汽车传导充电用连接装置 第 3 部分：直流充电接口》规定的要求。

延长线接口插针材质为铜合金，表面镀银，顶部带有热塑性材料。

延长线线缆材质符合国家标准，具有稳定性高、阻燃抗冲击、防水耐高温。

设备接口空载拔插不小于 50000 次，可承受 1m 高度跌落，至少 2 吨车辆碾压力。

延长线接口额定电压 1000V/250A，两端分别带有 1 个车辆/供电插头和车辆/供电插座，触头定义符合 GB/T 20234.3—2015《电动汽车传导充电用连接装置 第 3 部分：直流充电接口》规定的要求，延长线为直通线缆。

4.3.12　直流充电桩自动测试软件

直流充电框自动测试系统如图 4-15 所示。测试软件采用全新的框架结构，可与充电桩、直流车辆接口电路模拟器、电池模拟器、录波仪进行通信控制，完成对充电桩互操作性和协议一致性的自动测试，并带有故障诊断、自动分析测试结果、自动生成测试报告等功能。

基于传导式充电机与电池管理系统的通信协议，植入多种车型的通信报文，模拟多种类的电动汽车充电交互过程；并可通过灵活编辑协议帧，以测试充电设施的容错与故障报警功能。

基于友好的可视化功能，显示和保存重要检测过程量和检测结果，通过内置的规范要求数据集，研判检测结果的规范性。具备测试曲线的绘制、故障信息和故障原因的提示、检测报告的生成与导出等功能。

图 4-15　直流充电框自动测试系统

具有 CAN 通信协议双向传输功能，能够实现电动汽车非车载传导式充电机与 BMS 软件模拟系统之间通信协议的捕获、导入、编辑和导出功能。

具有 CAN 通信协议的还原功能，能够实现电动汽车非车载传导式充电机与 BMS 软件模拟系统之间通信协议的解析与还原；基于通信规约，将数据帧格式的报文还原为充电机和 BMS 之间的需求响应状态和充电机的充电状态信息，通过可视化的方式按时序进行充电全过程展现，并实现测量信息和状态信息等检测记录与检测基准数据进行对比，提供两种数据源的差异，实现故障信息的智能识别和通信误码率判断。

具有断点式执行和自动执行功能。基于测试需求，通过定制数据帧的内容，实现非车载传导式充电机与 BMS 软件模拟系统之间的通信协议调试或自动顺序执行。

具有友好的可视化功能，包括检测流程和节点的显示、测试数据实时显示和存储、测试曲线的绘制、故障信息和故障原因的提示、检测结论的判断、检测报告的生成与导出等。

通信协议一致性测试软件可满足与充电桩直线通信，可模拟电池包的需求功能，可对充电电压需求、电流需求进行设置。

通信协议一致性测试软件具备自检阶段、充电准备就绪、充电阶段、正常充电阶段结束及充电连接控制时序各阶段的工作状况的查看，可清晰查看各个阶段的共组状态。

通信协议一致性测试软件完全按照《电动汽车非车载传导式充电机与电池管理系统之间的通信协议一致性测试》要求进行编辑，具备电池充电状态、SOC状态、电池电压状态等进行仿真。

通信协议一致性测试软件可对 USB 转 CAN 设备进行连接、启动、复位等参数进行控制。

通信协议一致性测试软件可对充电中止条件进行设定，可对充电中止的各种故障进行模拟，如充电机过温、充电内部过温、所需能量不能传送、充电机急停故障、绝缘故障等。

通信协议一致性测试软件可实现正常充电测试和异常充电测试的模拟。

通信协议一致性测试软件可实时显示电池需求电压曲线、电流曲线及充电机输出电压曲线、电流曲线、SOC 曲线等进行实时显示功能。

通信协议一致性测试软件可实时显示充电桩与 BMS 之间的报文，可查看通信时间、帧 ID、报文内容，并对报文内容进行解析，方便客户进行查看。

4.4 可开展试验项目

4.4.1 互操作性测试检验项目

根据 GB/T 34657.1—2017《电动汽车传导充电互操作性测试规范　第 1 部分 供电设备》规定可实现项目的测试见表 4-6。

表 4-6　　　　　　　　　　互操作性测试检验项目

测试对象	编号	项目名称	测试平台
非车载充电机	D0.0001 A1.0001 I1.0001	充电模式和连接方式检查	√
	C0.0001 C1.0001	接口结构尺寸复核	√
	C0.0101 C0.0103	插头空间尺寸复核	√
	C1.0104	插座空间尺寸复核	√
	D0.1001	连接确认测试	√
	D0.2001	自检阶段测试	√
	D0.3001	充电准备就绪测试	√
	D0.4001	充电阶段测试	√

续表

测试对象	编号	项目名称	测试平台
非车载充电机	D0.5001	正常充电结束测试	√
	D0.6001	充电连接控制时序测试	√
	D0.4501	通信中断测试	√
	D0.4502	开关 S 断开测试	√
	D0.4503	车辆接口断开测试	√
	D0.4504	输出电压超过允许值测试	√
	D0.2501	绝缘故障测试	√
	D0.4505	保护接地导体连续性丢失	√
	D0.4506	其他充电故障	√
	D0.4101	输出电压控制误差测试	√
	D0.4102	输出电流控制误差测试	√
	D0.4103	输出电流调整时间测试	√
	D0.5101	输出电流停止速率测试	√
	D0.3101	冲击电流测试	√
	D0.4105	CAN 通信干扰测试	√
	D0.6002	控制导引电压限值测试	√

4.4.2　协议一致性测试检验项目

根据 GB/T 34658—2017《电动汽车非车载传导式充电机与电池管理系统之间的通信协议一致性测试》规定可实现项目的测试见表 4-7。

表 4-7　　　　　　　　　协议一致性测试检验项目

测试项目	测试编号	测试步骤	测试平台
低压辅助上电及充电握手阶段	DP.1001	测试系统启动	√
	DP.1002	测试系统按 250ms 的周期发送 DHM 报文，报文格式、内容和周期符合 GB/T 27930—2015《电动汽车非车载传导式充电机与电池管理系统之间的通信协议》中 9.1 和 10.1.2 的要求	√
	DP.1003	测试系统使用传输协议功能，按 250ms 的周期发送 DRM 报文，报文格式、内容和周期符合 GB/T 27930—2015《电动汽车非车载传导式充电机与电池管理系统之间的通信协议》中 9.1 和 10.1.4 的要求	√
	DN.1001	测试系统停止发送报文	√

测试项目	测试编号	测试步骤	测试平台
低压辅助上电及充电握手阶段	DN.1002	测试系统不使用传输协议功能发送 DRM 报文	√
	DN.1003	测试系统继续按 250ms 的周期发送 DHM 报文，报文格式、内容和周期符合 GB/T 27930—2015《电动汽车非车载传导式充电机与电池管理系统之间的通信协议》中 9.1 和 10.1.2 的要求	√
	DN.1004	测试系统继续使用传输协议功能，按 250ms 的周期发送 DRM 报文，报文格式、内容和周期符合 GB/T 27930—2015《电动汽车非车载传导式充电机与电池管理系统之间的通信协议》中 9.1 和 10.1.4 的要求	√
充电参数配置阶段	DP.2001	测试系统使用传输协议功能，按 500ms 的周期发送 DCP 报文，报文格式、内容和周期符合 GB/T 27930—2015《电动汽车非车载传导式充电机与电池管理系统之间的通信协议》中 9.2 和 10.2.1 的要求	√
	DP.2002	测试系统按 250ms 的周期发送 SPN2829＝0x00 的 DRO 报文，报文格式、内容和周期符合 GB/T 27930—2015《电动汽车非车载传导式充电机与电池管理系统之间的通信协议》中 9.2 和 10.2.4 的要求	√
	DP.2003	测试系统按 250ms 的周期发送 SPN2829＝0xAA 的 DRO 报文，报文格式、内容和周期符合 GB/T 27930—2015《电动汽车非车载传导式充电机与电池管理系统之间的通信协议》中 9.2 和 10.2.4 的要求	√
	DN.2001	测试系统停止发送报文	√
	DN.2002	测试系统不使用传输协议功能发送 BCP 报文	√
	DN.2003	测试系统停止发送报文	√
	DN.2004	测试系统发送与 BRO 报文类型定义不符的报文	√
	DN.2005	测试系统按 250ms 的周期发送 BRO 报文，SPN2829≠0xAA	√
	DN.2006	测试系统继续使用传输协议功能，按 500ms 的周期发送 BCP 报文，报文格式、内容和周期符合 GB/T 27930—2015《电动汽车非车载传导式充电机与电池管理系统之间的通信协议》中 9.2 和 10.2.1 的要求	√
	DN.2007	测试系统停止发送报文	√
	DN.2008	测试系统停止发送 SPN2829＝0xAA 的 BRO 报文，发送与 BRO 报文类型定义不符的报文	√
	DN.2009	测试系统按 250ms 的周期发送 SPN2829＝0x00 的 BRO 报文，报文格式、内容和周期符合 GB/T 27930—2015《电动汽车非车载传导式充电机与电池管理系统之间的通信协议》中 9.2 和 10.2.4 的要求	√

测试项目	测试编号	测试步骤	测试平台
充电参数配置阶段	DN.2010	测试系统继续按 250ms 的周期发送 SPN2829＝0xAA 的 BRO 报文，报文格式、内容和周期符合 GB/T 27930—2015《电动汽车非车载传导式充电机与电池管理系统之间的通信协议》中 9.2 和 10.2.4 的要求	√
充电阶段	DP.3001	测试系统使用传输协议功能，按 250ms 的周期发送 BCS 报文，50ms 的周期发送 BCL 报文，报文格式、内容和周期符合 GB/T 27930—2015《电动汽车非车载传导式充电机与电池管理系统之间的通信协议》中 9.3 和 10.3.1、10.3.2 的要求	√
充电阶段	DP.3002	测试系统按 10s 的周期发送 BMV 报文、BMT 报文、BSP 报文，报文格式、内容和周期符合 GB/T 27930—2015《电动汽车非车载传导式充电机与电池管理系统之间的通信协议》中 9.3 和 10.3.5、10.3.6、10.3.7 的要求	√
充电阶段	DP.3003	测试系统根据异常原因，发送 BSM 报文，报文格式、内容和周期符合 GB/T 27930—2015《电动汽车非车载传导式充电机与电池管理系统之间的通信协议》中 9.3 和 10.3.4 的要求，可能情况及报文定义包括： 　a. 单体动力蓄电池电压异常：SPN3090＝01 或 SPN3090＝10； 　b. 整车动力蓄电池荷电状态 SOC 异常：SPN3091＝01 或 SPN3091＝10； 　c. 动力蓄电池充电电流异常：SPN3092＝01； 　d. 动力蓄电池温度异常：SPN3093＝01； 　e. 动力蓄电池绝缘状态异常：SPN3094＝01； 　f. 动力蓄电池输出连接器连接状态异常：SPN3095＝01	√
充电阶段	DP.3004	测试系统发送 BSM 报文，报文格式、内容和周期符合 GB/T 27930—2015《电动汽车非车载传导式充电机与电池管理系统之间的通信协议》中 9.3 和 10.3.4 的要求，可能情况及报文定义包括： 　a. 动力蓄电池充电电流不可信状态：SPN3092＝10； 　b. 动力蓄电池温度不可信状态：SPN3093＝10； 　c. 动力蓄电池绝缘状态不可信状态：SPN3094＝10； 　d. 动力蓄电池输出连接器连接状态不可信状态：SPN3095＝10	√
充电阶段	DP.3005	测试系统发送 BSM 报文，报文格式、内容和周期符合 GB/T 27930—2015《电动汽车非车载传导式充电机与电池管理系统之间的通信协议》中 9.3 和 10.3.4 的要求，其中 SPN3090-SPN3095 均置为 00（电池状态正常），且 SPN3096 置为 00（禁止充电）	√

测试项目	测试编号	测试步骤	测试平台
充电阶段	DP.3006	测试系统中止充电，按 10ms 的周期发送 BST 报文，报文格式、内容和周期符合 GB/T 27930—2015《电动汽车非车载传导式充电机与电池管理系统之间的通信协议》中 9.3 和 10.3.8 的要求，中止原因可能为： 　a. 达到所需要的 SOC 目标值；达到总电压的设定值；达到单体电压设定值； 　b. 故障中止：绝缘故障；输出连接器过温故障；BMS 元件输出连接器过温；充电连接器故障；电池组温度过高故障；电流过大；电压异常；其他	√
	DP.3007	充电机按照可模拟的方式停止充电	√
	DN.3001	测试系统停止发送 BRO 报文，按 50ms 的周期发送 BCL 报文，不发送 BCS 报文	√
	DN.3002	测试系统停止发送 BRO 报文，使用传输协议功能，按 250ms 的周期发送 BCS 报文，不发送 BCL 报文	√
	DN.3003	测试系统停止发送 BRO 报文，按 50ms 的周期发送 BCL 报文，报文格式、内容和周期符合 GB/T 27930—2015《电动汽车非车载传导式充电机与电池管理系统之间的通信协议》中 9.3 和 10.3.1、10.3.2 的要求，同时不使用传输协议功能发送 BCS 报文	√
	DN.3004	测试系统停止发送 BRO 报文，使用传输协议功能，按 250ms 的周期发送 BCS 报文，报文格式、内容和周期符合 GB/T 27930—2015《电动汽车非车载传导式充电机与电池管理系统之间的通信协议》中 9.3 和 10.3.2 的要求；同时发送与 BCL 报文类型定义不符的报文	√
	DN.3005	测试系统按 50ms 的周期发送 BCL 报文，不发送 BCS 报文	√
	DN.3006	测试系统使用传输协议功能，按 250ms 的周期发送 BCS 报文，不发送 BCL 报文	√
	DN.3007	测试系统按 50ms 的周期发送 BCL 报文，报文格式、内容和周期符合 GB/T 27930—2015《电动汽车非车载传导式充电机与电池管理系统之间的通信协议》中 9.3 和 10.3.1 的要求，不使用传输协议功能发送 BCS 报文	√
	DN.3008	测试系统使用传输协议功能，按 250ms 的周期发送 BCS 报文，报文格式、内容和周期符合 GB/T 27930—2015《电动汽车非车载传导式充电机与电池管理系统之间的通信协议》中 9.3 和 10.3.2 的要求；发送与 BCL 报文类型定义不符的报文	√

测试项目	测试编号	测试步骤	测试平台
充电阶段	DN.3009	测试系统停止发送报文	√
	DN.3010	测试系统按 10ms 的周期发送与 BST 报文类型定义不符的报文	√
充电结束阶段	DP.4001	测试系统停止发送 BST 报文，并以 250ms 的周期发送 BSD 报文，报文格式、内容和周期符合 GB/T 27930—2015《电动汽车非车载传导式充电机与电池管理系统之间的通信协议》中 9.4 和 10.4.1 的要求	√
	DP.4002	使用刷卡、App 等方式重新开始充电	√
	DN.4001	测试系统停止发送报文	√
	DN.4002	测试系统按 250ms 的周期发送与 BSD 报文类型定义不符的报文	√
	DN.4003	测试系统停止发送报文	√
	DN.4004	测试系统按 250ms 的周期发送与 BSD 报文类型定义不符的报文	√

　　基于 NB/T 10901—2021《电动汽车充电设备现场检验技术规范》标准下的直流充电桩现场检验项目见表 4-8。

表 4-8　　　　　　　　直流充电桩现场检测项目

序号	检验项目		对应章节
1	一般检验	技术资料核查	6.1.1
2		外观检查	6.1.2
3		内部检查	6.1.3
4		充电模式和连接方式检查	6.1.4
5		电缆管理及贮存检查	6.1.5
6		标志标识检查	6.1.6
7	安全防护检验	绝缘电阻测试	6.2.1
8		接地测试	6.2.2
9		直接接触防护试验	6.2.3
10	功能检验	显示功能	6.3.1
11		输入功能	6.3.2
12		充电功能	6.3.3
13		与监控管理系统通信功能	6.3.4

序号	检验项目		对应章节
14	直流充电输出性能检验	低压辅助电源试验	6.4.3
15		输出电压误差试验	6.4.4
16		输出电压测量误差试验	6.4.5
17		输出电流误差试验	6.4.6
18		输出电流测量误差试验	6.4.7
19		限压特性试验	6.4.8
20		限流特性试验	6.4.9
21	安全要求检验	急停功能试验	6.5.1
22		锁止功能试验	6.5.2
23		开门保护试验	6.5.3
24	直流充电互操作性检验	充电控制信号检查	6.7.1
25		充电控制时序检查	6.7.2
26		充电异常状态试验	6.7.3
27	通信协议一致性检验	低压辅助上电及充电握手阶段检查	6.8.1
28		充电参数配置阶段检查	6.8.2
29		充电阶段检查	6.8.3
30		充电结束阶段检查	6.8.4

第 5 章

基于"储能电池＋模块化测试负载"测试技术

5.1　基于储能电池的直流充电测试技术

5.1.1　双向 DC/DC 变换器的控制策略研究

目前，双向 DC/DC 变换器的拓扑结构主要有两种型式：非隔离型变换器和隔离型变换器。非隔离 Buck-Boost 变换器效率高，结构简单，但没有隔离能力，不能应用于输入输出电压压差较大的场合。隔离式变换器有双向推挽结构、双向半桥结构和双向全桥结构。其中，推挽结构效率较半桥双向 DC/DC 结构高，高压侧输入电压大时，开关管承受电压应力大，且变压器绕线复杂；半桥结构变压器没有中心抽头，设计简单，低压侧电压较低时，由于电容分压，造成在升压变换过程中升压能力不足；全桥结构效率最高，可以实现软开关控制，但控制电路复杂，成本较高。本研究提出一种基于采用数字控制的双向 DC/DC 变换器，采用两级变换结构，一级采用固定脉冲驱动；另一级采用双闭环控制，可以有效地在锂电池电压与电源电压之间进行变换。

本研究采用两级双向 DC/DC 变换器结构，如图 5-1 所示。第一级采用隔离式半桥变换结构，利用变压器对高压侧与低压侧进行隔离，开关管 V1、V2、V3、V4 采用固定脉冲控制，实现从母线电压和中间电压进行变换，第二级采用非隔离式 Buck-Boost 变换器构成，开关管 V5、V6 采用闭环控制，实现中间电压和锂电池电压之间进行二次变换。

非隔离式 Buck-Boost 变换器采用了多重化技术，利用相移为 120°的三个双向 Buck-Boost 变换器模块并联构成，如图 5-2 所示。多重化技术的采用可减少母线电容上的电流波动，减小器件电流应力。低压侧采用蓄电池或超级电容对变换器供电，通过三相电路并联将能量传输到锂电池组的高压母线侧。

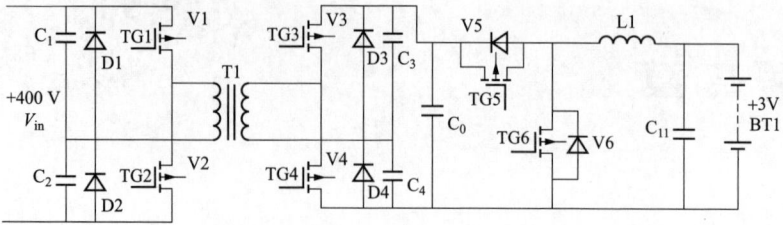

图 5-1　两级双向 DC/DC 主电路图

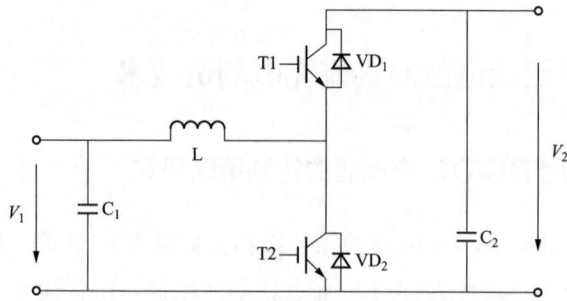

图 5-2　Buck-Boost 双向 DC/DC 变换器

1. 升压正向工作模式

在该模式下，功率开关管 T1 恒关断，开关管 T2 以恒定频率的 PWM 方式工作，如图 5-3 所示。图 5-4 为 T2 导通时的工作电路简化图，当 T2 导通时，电池组电压 V_{LV} 全部加到电感 L 上，电感电流将线性增长，电能以电磁能的方式存储在电感 L 中。二极管 VD_1、VD_2 截止，电容 C_2 向负载供电。

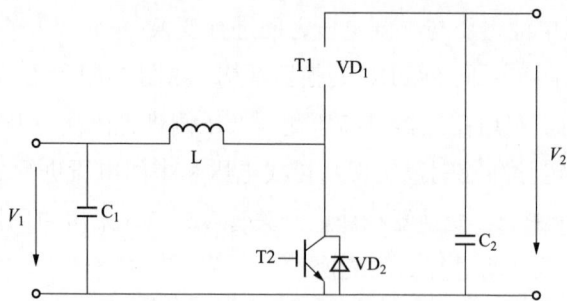

图 5-3　T1 恒关断，T2 PWM

当 T2 关断时，电感电流通过 VD_1 流向输出测，电池组能量及电感的储能同时给负载和 C_2 供电，给 C_2 充电，如图 5-5 所示。充电的过程中，电感电流线性减小，通过改变开关管 T2 的占空比 D 可以改变输出电压 V_2 的大小。

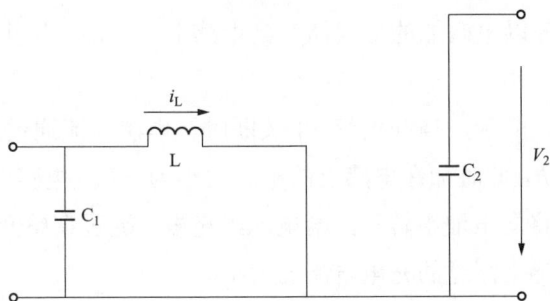

图 5-4 T2 导通

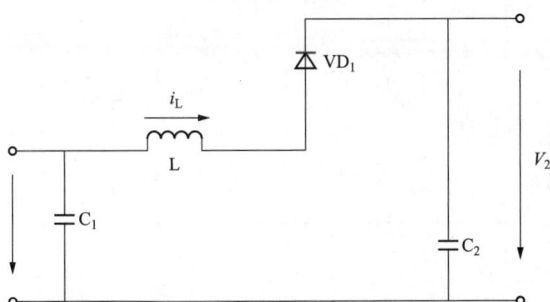

图 5-5 T2 关断

2. 降压反向工作模式

在该模式下，功率开关管 T2 恒关断，开关管 T1 以恒定频率的 PWM 方式工作，如图 5-6 所示。

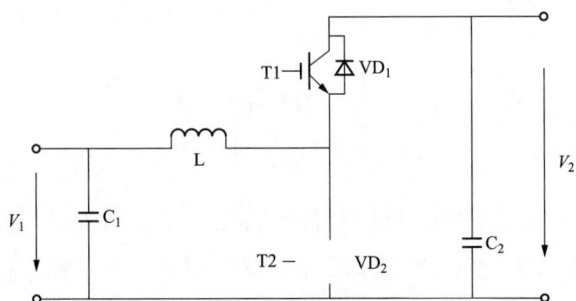

图 5-6 T2 恒关断，T1 采用 PWM

图 5-7（a）为 T1 导通时工作电路等效图，当 T1 导通时，输出电压 V_2 加在 VD_2、输入电感 L 和电容 C_1 上，VD_2 截止，因此，输出电压与电感 L 和电容 C_1 形成环路。由于输出电压 $V_2 > V_1$，因此电感电流将反向线性增长，输

出侧的能量一部分以电磁能的形式储存到电感上，一部分则用以给电池组 V1 充电。

如图 5-7（b）所示，当开关管 T1 关断时，电感电流通过续流二极管 VD$_2$ 形成环流继续流动，此时加在电感上的电压大小为 $-V_1$，电感电流将线性减小。电感 L 中的储能将向电池组转移，给电池组充电。通过调整开关管 T1 的占空比 D 可以改变电感上流过的充电电流的大小。

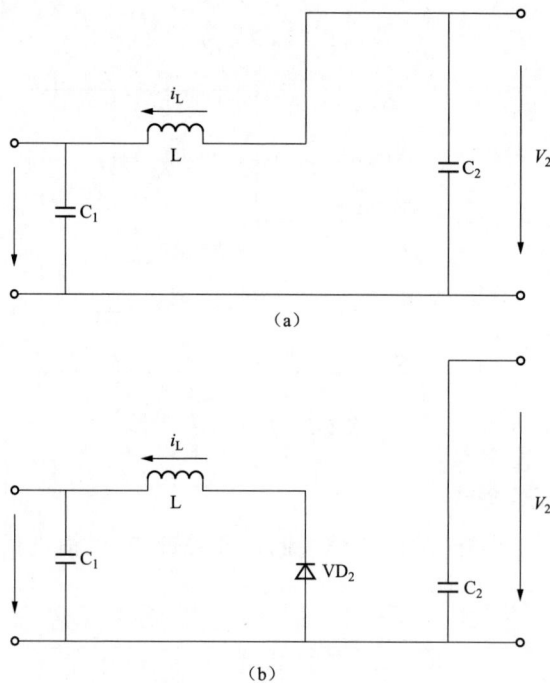

图 5-7　工作电路等效图

（a）T1 导通；（b）T1 关断

三相拓扑结构实际采用多重控制技术将三个单相结构进行并联输出构成。三相交错双向 DC/DC 变换器工作原理：每相均由 1 个单相半桥拓扑和储能电感构成。当工作在正向升压模式时，功率开关管 T1、T3 和 T5 恒关断，而开关管 T2、T4 和 T6 工作在 PWM 模式下。T2、T4 和 T6 的驱动信号两两相差 120°。当工作在反向降压模式时，功率开关管 T2、T4 和 T6 恒关断，开关管 T1、T3 和 T5 则工作在 PWM 模式下，驱动信号也是互差 120°，这种交错控制可以大大减少母线上的电流脉动。

5.1.2 DC/DC 变换器的数字控制系统研究

在理论研究基础上，本书介绍了一种以 TI 公司的高性能 16 位 DSP TMS 320F2808 为核心，设计了隔离型三相桥式双向 DC/DC 变换器的数字控制系统。在选择该款 DSP 之前，主要考虑了通用的 DSP 与 CPLD 相结合的方案。由于早期的 TMS320F240x 系列的 DSP 无直接生成 12 路移相 PWM 驱动信号的功能。一般情况下需要配合 CPLD 才能实现移相 PWM 的产生。这样的话，DSP 用以实现采样处理和控制算法实现；CPLD 则用来产生时序，输出 PWM 波。但是，CPLD 的存在增加了系统的成本和体积，一定程度上也增加了控制的难度。最终选定 TI 公司的 TMS320F2808 作为该双向 DC/DC 变换器的控制核心，搭建了基于该芯片的数字控制系统。

TMS320LF808 最高工作频率高达 100 MHz，配合其强大的指令运算功能，很容易实现各种控制算法及高速的实时采样。在本系统中为改善系统的动态品质，并减小系统的静差，采用增量式 PI 调节来实现输出电压闭环，从而达到对整个系统的控制。下面给出了各模块的软件设计流程。

在隔离型三相桥式双向 DC/DC 变换器中，软件部分的编写主要包括主程序设计、各模块初始化设计，以及各模块的中断服务子程序设计。

主程序。主程序首先应完成对系统时钟、各功能模块及变量参数的初始化。其后，完成对中断向量表与中断优先级的设定，开启中断。最后，等待 DSP 空闲后，进入中断服务子程序进行数据处理与算法控制。DSP 执行完中断服务子程序后处于空闲状态，等待下一次中断的发生。

中断服务子程序。由于功能上的需要，本系统主要需要的是 A/D 中断服务子程序、SCI 通信中断服务子程序和 TZ 保护中断服务子程序。各中断子程序功能将在下面进行展开叙述。

1. 系统初始化

主程序主要完成系统运行前一系列的初始化，包括 TMS320F2808 的系统初始化，EPWM 模块和 ADC 模块设置初始化等，具体如图 5-8 所示。

2. ADC 中断服务子程序

ADC 中断服务子程序首先需要对 A/D 转换结果进行

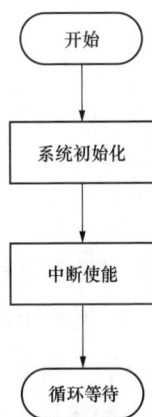

图 5-8 主程序流程图

读取和处理，在这里需要注意的是，因为 2808 的 AD 模块是 12 位的 ADC 转换，因此应先将读取后的结果右移 4 位后再做处理。本文采用的处理方法是分别将 8 次、4 次和 4 次采样的结果叠加后做平均处理，形成过程采样算法，这样可以提高采样精度。

其次，采样结果处理完毕后，就将处理后的结果与给定参数进行比较，经过 PI 调节后再进行移相角的计算。将更新后的移相角值重新送入 EPWM 模块以产生所需 PWM 信号。具体流程如图 5-9 所示。

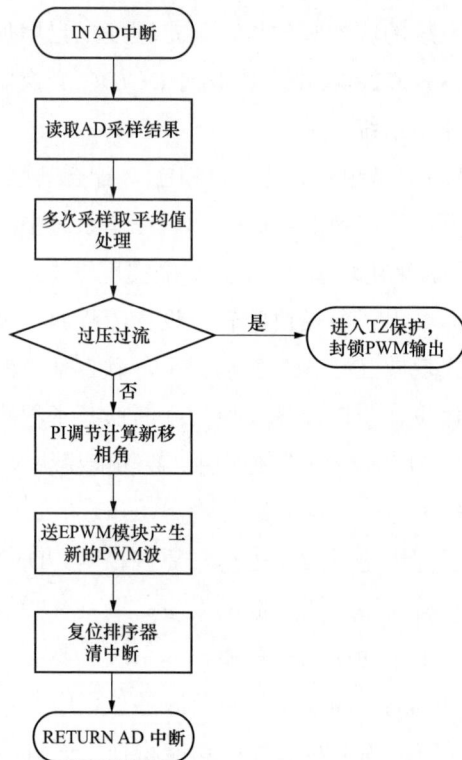

图 5-9　A/D 转换中断服务程序流程图

3. TZ 故障保护中断服务

TZ 保护中断子程序主要作用是在系统发生过压过流事件时，及时封锁 PWM 信号输出，以保障系统安全。在中断程序中主要实现发生故障时的相关处理，给出故障信号，通过 I/O 口的状态向 51 单片机送故障信号并显示。TZ 保护中断服务子程序流程如图 5-10 所示。

4. 系统控制算法与实现

图 5-11 所示为本系统的简化数字控制原理图。在正向工作模式下，低压侧（一般为燃料电池或者超级电容）向高压侧提供能量，体现为恒压特性。在反向工作模式下，高压侧给低压侧进行充电，此时，需要的特性是保持电流模式（具体情况视低压侧储能装置特性而定）。两种模式需要根据监测到的电压电流值进行切换。

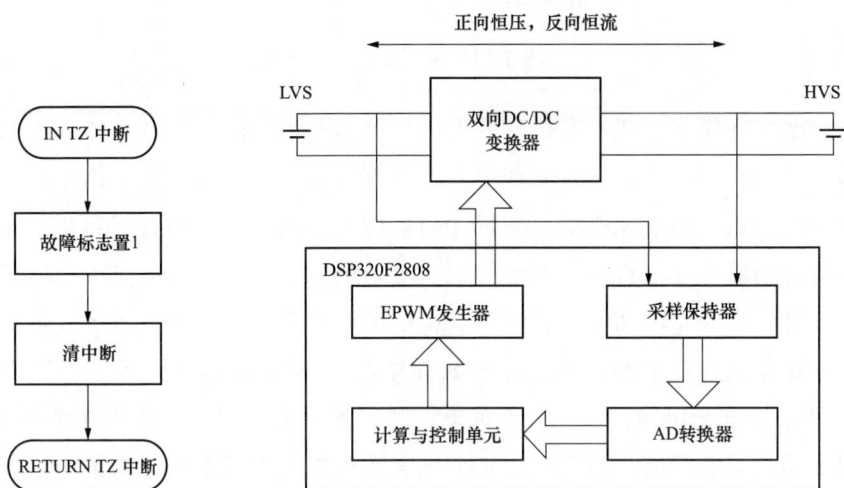

图 5-10　TZ 故障保护中断服
务子程序

图 5-11　DC/DC 变换器简化数字框图

5.1.3　储能电池＋DC/DC 变换器集成的负载系统搭建

通过储能电池＋DC/DC 变换器集成的负载系统搭建，如图 5-12 所示，以并联的方式连接电网、充电桩、电池模拟器，启动充电桩，BMS 电池管理系统会根据实际电池状态对各个阶段充电参数进行配置，并以报文形式与充电桩进行通信交互，同时 BMS 电池管理系统会根据报文需求对 DC/DC 双向变流器进行实时设置，实现了充电桩测试过程中的动态充电流程。充电过程中，BMS 电池管理系统一直处于监测状态，锂电池组状态异常时，BMS 电池管理系统会迅速切断对 DC/DC 双向变流器的输出，从而保证了整个电池系统的安全。

电动汽车非车载充电机测试用电池模拟器，可动态模拟各种电池特性，测试电压范围 100～1000V 连续可调，输出额定电流 150A，可实现恒流、恒压、

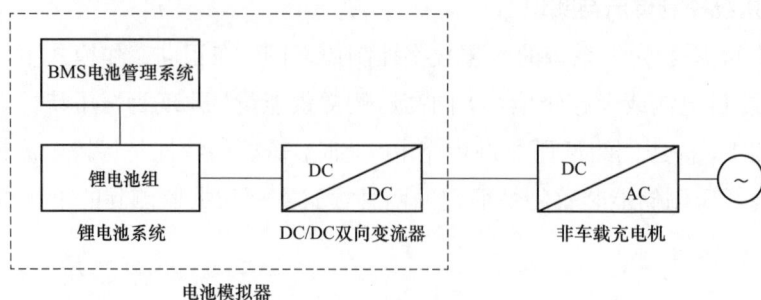

图 5-12 测试系统结构示意图

恒功率三种模式加载，满足不同电压等级的充电桩测试。同时该电池模拟器配备高效 DC/DC 非隔离双向变流器，具有输出的电压范围宽、精度高、动态响应快的特点。该电池模拟器配置 BMS 仿真电动汽车电池管理系统，可根据需求值自动设置 DC/DC 双向变流器的输出电压，配合车辆接口模拟器可实现对充电桩的自动充电功能，使测试流程变得简单方便。同时电池管理系统还负责对锂电池组性能参数全程监测，如有异常，BMS 电池管理系统会迅速切断对 DC/DC 双向变流器的输出，保证电池时时处于良好状态，延长电池寿命。由于使用的是真实锂电池组系统，完全再现实车实桩测试工况，测试结果更加真实准确。

电池模拟器可动态模拟电池充电各种特性，系统电压可 100～1000V 范围内任意调节。由于配备真实锂电池，可真实再现实车实桩测试工况，同时 BMS 电池管理系统可根据测试需要进行故障模拟，比实车实桩测试更机动灵活，保证了测试结果的准确性和测试工况的多样性。

1. 储能系统

储能系统由磷酸铁锂电池组和 BMS 组合而成，电池组由 F80 模块通过串联方式组合而成。电池组采用了科学的内部结构设计，以及先进的电池生产工艺，具有高比能量和长寿命、安全可靠、使用温度范围宽等特性。

本储能系统共 18.4kWh，72 个 F80 电池模块串联，构成一个电池簇，容量为 18.4kWh（230V，80Ah）。其中，每 12 个电池单体构成一个电池组，由一个电池测量单元（BMU）进行监控。一簇电池共需要 6 个 BMU，由一个电池控制单元（BCU）管理。所有的 BCU 和 BMU 构成了一个完整的电池管理系统（BMS），如图 5-13 所示。

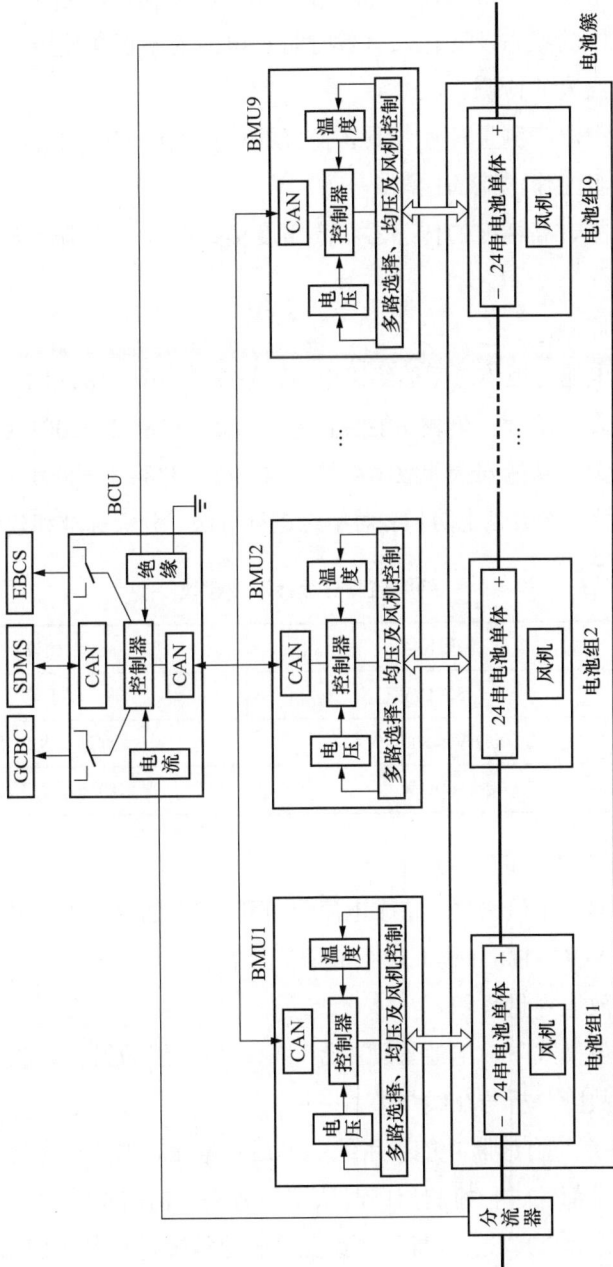

图 5-13　电池管理系统结构示意图

（1）单体电池电压的检测。

利用专用电压测量芯片，内含高精度 A/D 转换模块，可以精确及时监控电池在使用过程中的状态及变化，有效时防止电池的不正当使用。

（2）电池温度的检测。

采用数字型温度测量芯片，具备良好的可扩展性和高的检测精度。

（3）电池组工作电流的检测。

采用全范围、高精度的传感器和高精度集成芯片，能满足电流检测和能量累积的需要。

（4）绝缘监测。

检测动力电池与柜体之间的绝缘电阻，并按照 GB/T 18384.1—2001《电动汽车安全要求　第 1 部分：车载储能装置》、GB/T 18384.2—2001《电动汽车安全要求　第 2 部分：功能安全和故障防护》、GB/T 18384.3—2001《电动汽车安全要求　第 3 部分：人员触电防护》对绝缘进行分级，分级标准和建议参见表 5-1。

表 5-1　　　　　　　　　　　　绝缘监测分级标准及建议

故障级别	绝缘电阻	建议
0	＞500Ω/V	正常
1	100Ω/V＜500Ω/V	到站后及时维护
2	＜100Ω/V	严重绝缘故障，立即维修

（5）电池组 SOC 的估测。

通过分流器对电流采样，完成电流测量和 SOC 估算，并依据甲方家提供的控制参数，对 SOC 过高和过低进行故障分级报警。

（6）电池放电容量累积。

在整车充电模式下，电池管理主控可记录电池组的累积充放电容量。

（7）电池故障分析与在线报警。

BMS 具备系统自诊断功能，系统上电后对电压、温度、通信、时钟、存储器、内部通信等部件进行检测，同时依据甲方提供的信息，对电池的过压、欠压、过流、过温、SOC 过低/高及一致性等电池故障进行判断和报警。

2. DC/DC 双向变换器

DC/DC 双向变换器输出特性具有高精度及高动态响应特性，电压输入范围大，产品输出具备模拟多种电池的充放电的特性，模拟各类电池总电压值，并按电池特性曲线保持一定的电压值放电。控制系统采用全数字高性能 DSP＋FPGA 及全新一代 SIC 功率器件，具有开关频率高、体积小、重量轻、电压纹波小、控制精度高、响应速度快、效率高、输出调节范围广等特点。DC/DC 双向变换器拓扑结构如图 5-14 所示。

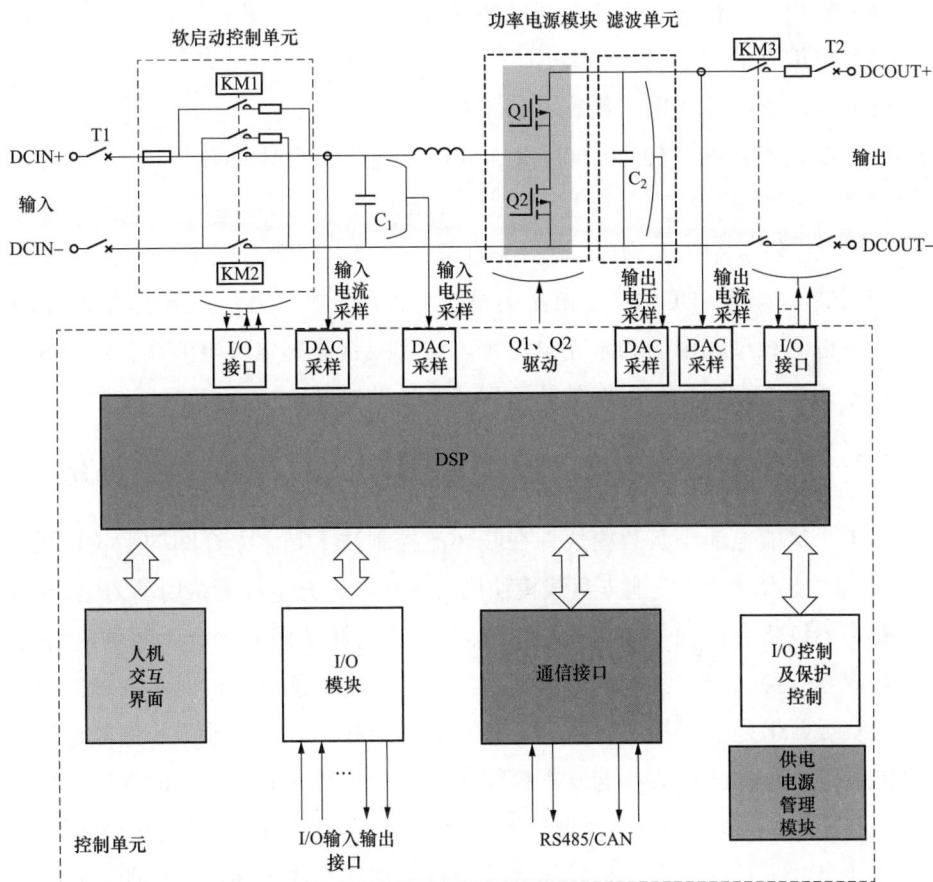

图 5-14 DC/DC 双向变换器拓扑结构图

DC/DC 双向变换器拓扑结构的主要功能特点有：

（1）可模拟多种电池输出特性和电池输入特性，具有双向运行特性，能量可双向流动，能量无缝切换。

（2）输出可以对多种电池特性进行配置，进行不同节数串并联、不同 SOC 下电池的充放电特性设置，也可按客户需求自定义电池模型输出。

（3）可动态模拟电池充放电过程。

（4）领先的高效 DC/DC 非隔离高效变换技术能实现输出的电压范围宽、精度高、动态响应快的特点。

（5）具有四象限运行特性，工作在模拟电池充电、电动汽车电机、充电桩测试状态下，同时具有电源、负载两种特性，节能降耗、绿色环保。

（6）输出具有恒压、恒流、恒功率模式。

（7）可编程的保护及运行参数。

（8）高精度：输出电压精度 0.1%FS。

（9）高动态特性：10%～90%突加载输出电压响应时间不大于 5ms，电压从额定值－90%～＋90%切换时间不大于 10ms。

（10）完善的保护：过压、过流、过载、短路、限流、限压、过温等保护。

使用储能电池＋DC/DC 变换器集成的负载系统进行直流充电桩的测试，实现了充电桩测试过程中的动态充电流程，可完成直流充电桩电流调整速率和电流停止速率等测试项目，可有效解决现场测试的难题。

5.2 基于"储能电池＋模块化测试负载"测试系统研究

基于"储能电池＋负载模块"在线环流控制技术是本书介绍的系统所采用的一项关键技术。储能电池＋负载模块同时在线作为充电桩测试用动力电池时，由于整个系统将会呈现下列拓扑结构形式，两个有源负载并一个无源负载结构，也就是混合有源负载。我们需要的理想结构是充电桩能量流同时流向储能电池和模块负载，但是由于模块负载为无源负载，负载加载时可能吸收储能电池一部分能量流，这样就造成不能发挥模块化负载的优势＋储能电池的优势，同时又达不到充电桩需求的电流，同样会影响测试。本书所介绍的系统中采用了基于"储能电池＋负载模块"在线环流控制技术彻底解决上述问题，即通过在设备结构上和控制逻辑顺序上实现在线环流控制，达到理想的能量流动方向，如图 5-15 所示。

5.2.1 系统主电路及工作原理

充电桩电能输出经过车辆接口模拟器被充电桩移动检测平台内部负载模块吸收，在运行过程中对充电桩的互操作性和协议一致性等功能进行测试验证。同时，DC/DC 变流器加上锂电池组可以模拟车辆电池包多种电池特性，为待测直流充电桩真实模拟在线充电试验。其中，交、直流测试负载均分为两个通道，可实现一桩双枪的带载测试，并机实现功率叠加。

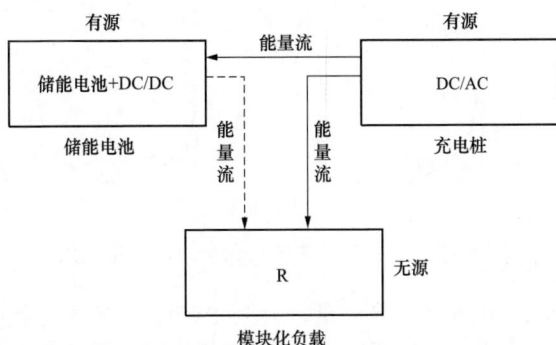

图 5-15 储能电池＋负载模块系统拓扑图

混合有源负载系统如图 5-16 所示，由电池和 PWM 整流器串联构成，其中电池及其 BMS 系统发出具有真实电池特性的报文，PWM 整流器输出直流电压和电池一起模拟不同电池的电压特性，并将测试充电机充入至整流器的电能反馈到电网中。

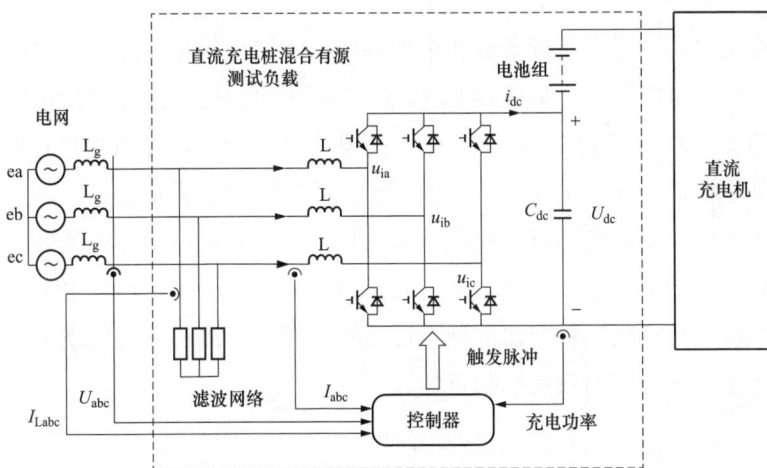

图 5-16 直流充电机混合有源测试负载拓扑

有源测试负载的整流器由三相全控 PWM 变换器、连接电感、滤波网络、三相三线制电网等构成。

由图 5-16 所示的混合有源测试负载拓扑可知，三相系统间相互独立，假设稳态下，其三相参数一致，则可得到其交流侧任一单相矢量关系，如图 5-17

所示。

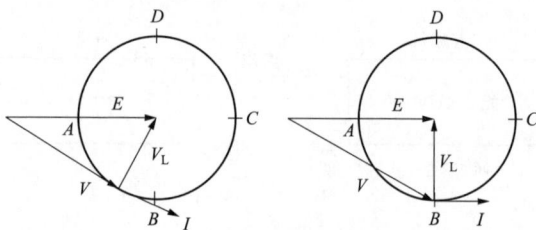

图 5-17　混合有源测试负载交流侧矢量关系

其中，E 为交流电网电动势矢量，V 为 PWM 变换器交流侧电压矢量，V_L 为交流侧电感电压矢量，I 为交流侧电流矢量。如图，电压矢量 V 端点在圆轨迹 $\overset{\frown}{ABC}$ 运动时，PWM 变换器工作于整流状态，向电网吸收有功的同时可发出感性、容性无功。其中，运行到 B 点时，实现单位功率因数整流。由此可知，混合有源测试负载可实现多象限运行，在容量限制下，可在原有吸收被测直流充电机充电功率的基础上根据补偿需求向电网注入补偿电流。

5.2.2　负荷控制策略

直流充电桩和混合有源负载构成的系统是由降压斩波电路、充电电池、支撑电容、逆变电路组成，如图 5-18 所示。其中电池表示实际真实配装的电池，充电机的充电电流控制采用 Buck 电路模拟，降压斩波电路中通过控制开关 S 的开断可连续调节充电电流，并使模拟负载的充电电流维持稳定。整流器直流侧与电池串联，使两者的直流端电压叠加可模拟不同类型动力电池的不同电压特性，从而有效解决了测试负载的全覆盖适应性问题。同时通过 PWM 双向功率控制能将充电机充入整流器的能量反馈给电网，即测试系统实现了电池恒流充电与能量反馈电网的双重控制目标。

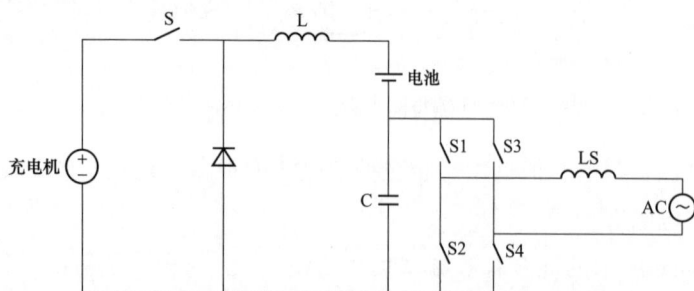

图 5-18　直流充电桩测试用变参数负载等效主电路

降压斩波电流控制如图 5-19 所示，给定电流与实际电流的偏差经过 PI 调节器，其值与三角波比较，产生 PWM 波控制主电路工作。主电路中开关 S 闭合时，电池的充电电流增大，开关 S 断开时，充电电流流经续流二极管，电池的充电电流减小。因此电流控制可以实现充电电流维持在给定值。

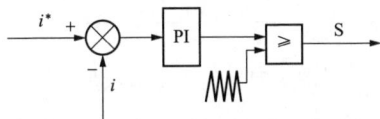

图 5-19　降压斩波电流控制

双闭环控制如图 5-20 所示，电压外环采用 PI 控制，维持电容电压稳定，电流环采用滞环控制，其电流给定值由电压环的输出决定，实现了能量由电容直流侧到电网交流侧的传递，同时电流内环也保证了电网电流为正弦波。

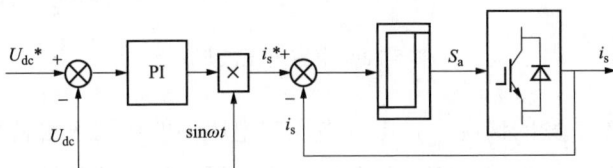

图 5-20　模拟负载定电压和功率反馈双闭环控制

5.2.3　案例分析

假设测试直流充电桩对两种端电压的动力电池进行充电，电池电压分别为 U_1＝600V ，U_2＝650V 。为了有效说明，将充电时序设计为，充电机电压在仿真 2s 时刻由 600V 变为 650V。模拟负载串联电池电压 E＝400V ，电感 L＝1mH，电容 C＝10mF ，交流侧电感 L_s＝3.6mH 。电流控制参数 K_p＝0.75 ，K_I＝3 ，电压外环 PI 参数 K_p＝2 ，K_I＝3 ，电流滞环的环宽为±0.1A。

充电电流波形如图 5-21 所示，在电流闭环的控制下，电流维持在给定值，保证对电池恒流充电。2s 时，充电机电压从 600V 变化至 650V，充电电流保持不变。

电容电压波形如图 5-22 所示，由于充电机持续以 20A 的电流对电容充电，电流持续将电能反馈给电网，充电电流较大，因此电容电压有一定的波动。

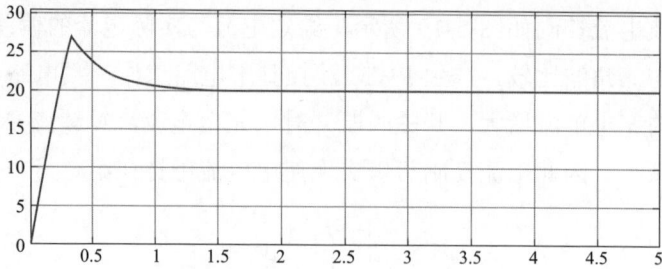

图 5-21　充电电流波形

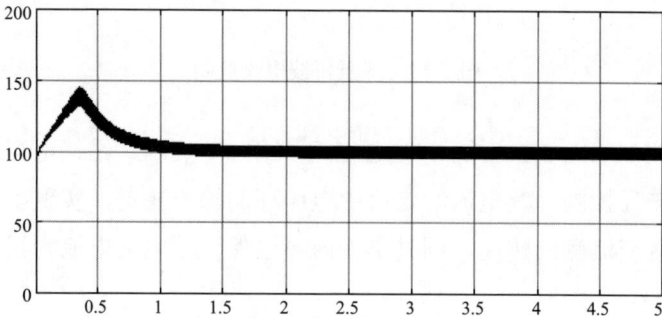

图 5-22　电容电压波形

在充电电流不变的情况下，电容电压在电压环的作用下维持稳定，从直流侧传递到交流侧功率保持不变。从图 5-23 中电网电压电流的波形也可以看出在 2s 充电机电压电压突增时，电网电流仍然不变，进一步表明在充电电流和电容电压给定值不变的情况下，充电机输出功率不变，即电池消耗功率和反馈到电网的功率不变。改变充电电流，即可改变充电机输出功率、充电功率及能量传输功率。仅改变电容电压给定值，可改变充电机输出功率、能量传输功率，但因充电电流没变，所以充电功率仍保持不变。

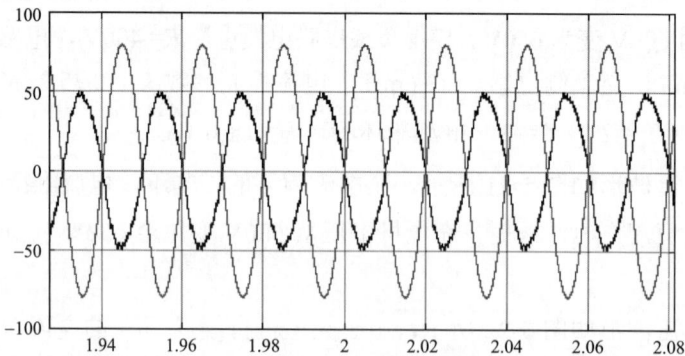

图 5-23　电网电流电压波形

　　本节分析了适用于全电压直流充电桩测试的混合有源负载拓扑及其控制策略，能有效模拟不同电池类型的特征，实现直流充电桩测试类型和功能的全覆盖目标。该电路通过电流闭环控制实现了对不同电压的电池进行恒流充电，同时通过电池串联四象限潮流可控高频整流电路的方法，提升充电侧的总体电压，通过改变电容电压值，使充电侧电压可变，同时通过逆变电路将能量反馈给电网，从而提高充电机测试系统的综合效率和多场景应用适应性，仿真结果验证了所提主电路和控制策略的有效性。

第6章

基于储能电池的测试现场供电方法

6.1 储能电池＋逆变器供电技术

由于现场检测设备需要经常搬运，并且现场条件具有很大的不确定性，所以对供电电源的基本要求就是体积小，方便搬运，便于现场放置。

其次检测设备基本采用交流 220V 电源供电，并且所需功率不大，一般在 5kW 以内，所以供电设备可选择储能电池＋逆变器的供电系统。

现场供电系统可以采用储能电池＋逆变器的方式为检测设备供电，正常使用时由逆变器将电池中的直流电能转换为交流电能，为设备提供电源，在电池电量不足时可外接市电为电池充电，供电系统图如图 6-1 所示。

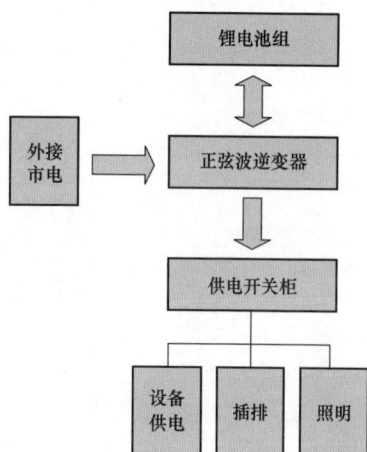

锂离子电池是指以含锂的化合物制成的蓄电池，主要依靠锂离子在正极和负极之间移动来工作。在其充放电的过程中只有锂离子，而没有金属锂的存在。和其他电池相比，锂电池的优点在于能量密度高、循环寿命较长、自放电率低、能量转化率高、进行快速充放电等。

在储能系统中，锂电池和铅炭电池、铅酸电池的作用都是储存电能，锂电池和铅酸电池最大的区别是锂电池必须配备电池管

图 6-1 储能电池＋逆变器供电系统图

理系统。目前，国内锂电池技术主要有磷酸铁锂、钛酸锂、三元锂等主流路线，和以往的铅酸电池相比较，锂电池在性能各方面都有着极大的优势。自 2013 年起，锂电池在储能方面，以及通信基站等方面的应用范围进一步扩大。与此同时，石油和其他的一些不可再生能源也是目前能源问题的一大难题。锂电池

作为新能源的出现，无疑是雪中送炭，解决了自然资源问题。另外一方面，环境的污染也是目前各国政府极力解决的问题，锂电池作为高环保、无污染的新能源电池，也缓解了环境污染这一问题，所以从各方面来讲，锂电池成了现场供电系统的不二选择。

随着电力电子技术的高速发展和各行业对逆变器控制性能要求的提高，逆变器也得到了快速发展，目前逆变器的发展方向主要体现在以下几方面。

（1）高频化。高频化指的是提高功率开关器件的工作频率，这样不但可以减小整个系统的体积，而且对音频噪声有很好的抑制作用，同时提高了逆变器输出电压的动态响应能力。高频工作的功率开关器件对应于高频隔离变压器，高频隔离变压器的应用对整个系统的体积又有了进一步的减小。

（2）高性能化。有效值是逆变器输出电压的主要参数，高性能的逆变器输出电压有效值稳定，同时有很高的波形质量，适应非线性负载的能力强。由于很多时候逆变器所带的负载会突变，高性能逆变器要求输出电压有较高瞬态响应性能。对于交流输出电压的另一个重要参数是频率，好的逆变器不但要求输出电压有效值稳定，而且要求频率也稳定。具有上述特点的逆变器才能称得上是高性能逆变器。

（3）并联技术。目前的逆变器技术可以制作出大功率产品，但是在大功率应用场合一旦这个逆变器系统出现故障，将会导致系统瘫痪。而在由小功率逆变器通过并联技术组成的系统中，每个单元的正常工作与否都不影响其他单元的工作，这样对于整个系统的可靠性就有了极大的提升。

（4）小型化。小型化是对应于高频化的结果，因为使逆变器小型化主要方法就是提高开关管工作频率，使用高频变压器。另一种方法是改进控制法，优化 SPWM 波的频谱，从而减小滤波器体积。

（5）高输入功率因数化。很多逆变系统使用一定的拓扑电路把直流电转换成高频交流脉冲，再进行整流得到所需的直流电压。输出电流出现的尖峰会降低输入功率因数，提高输入侧功率因数可以有效解决逆变器对电网产生谐波污染。

（6）智能化与数字化。逆变器的数字化不是简单在逆变器中应用数字器件，如 FPGA 和单片机，而是整个系统依靠数字器件的计算能力和离散控制法完成。随着硬件的发展，处理器速度越来越高，促使逆变器向着智能化与数字化的方向发展。

6.2 逆变器逆变技术

逆变器是将直流电转换成交流电的变换装置，它是通过控制半导体功率开关器件的导通和关断，把直流电能转化为交流电能。控制功率开关管导通和关断的电路就是逆变器的控制电路，控制电路输出一定的电压脉冲，使功率变换电路中的功率开关管按照一定规律导通和关断，这时功率主电路的输出为特定的谐波组合，最后通过滤波电路得到需要的电压波形。逆变器系统的基本结构如图 6-2 所示。

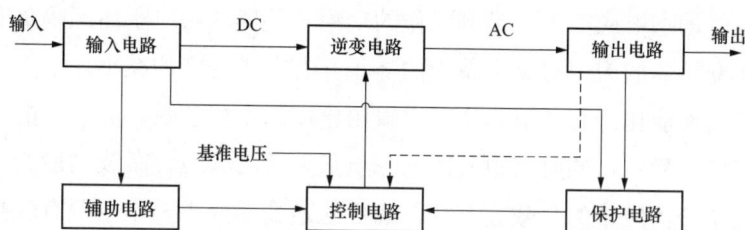

图 6-2　逆变系统基本结构框图

本系统中逆变器的输入电源是由锂电池组提供的，锂电池组的直流输出通过一定的滤波电路和 EMC 电路之后接入逆变器输入电路。

逆变器主电路是由功率开关器件组成的功率变换电路，主电路的结构形式分很多种，不同的输入输出条件下主电路形式也不相同，每种功率变换电路都有它的优缺点，在实际设计中应考虑最合适的电路拓扑作为主电路结构。

控制电路按照逆变器输出的要求通过一定的控制技术产生一组或者多组脉冲电压，通过驱动电路作用于功率开关管，使功率开关管按照指定的次序导通或者关断，最终在主电路输出端得到所需的电压波形。控制电路的作用对于逆变系统至关重要，控制电路的性能直接决定了逆变器输出电压波形的质量。

输出电路包括输出滤波电路和 EMC 电路，如果输出为直流电时还应在后面加入整流电路。对于隔离输出的逆变器，输出电路前级还有隔离变压器。根据输出是否需要稳压电路分为开环和闭环控制，开环系统输出量只由控制电路决定，而闭环系统中输出量还受反馈回路影响，使输出更加稳定。

控制电路与输入输出电路的某些部分或芯片有特定的输入电压要求，辅助电源就是为电路中特定的电压需求设定的。通常情况下辅助电源由一个或者几个 DC/DC 变换器构成，对于交流输入的场合，辅助电源由整流后的电压与

DC/DC 变换器组合完成。

保护电路包括输入过压、欠压保护，输出过压、欠压保护，过载保护，过流和短路保护。对于在特定场合工作的逆变器还有其他保护，如在温度很低或者很高的场合需要有温度保护，在某些气压变化的情况下还要有气压保护，在潮湿的环境中要有湿度保护，等等。

根据电路中是否含有高频变压器可以将功率变换电路分为非隔离式变换和隔离式变换电路。含有变压器的隔离式变换电路不仅可以将输入与输出分离，降低相互之间的影响，还可以改变输入输出的电压比。

非隔离式电压变换电路最基本的形式有两种：降压变换电路和升压变换电路。由这两种变换电路可以组合成为另外两种隔离式变换电路：降压—升压变换电路和升压—降压变换电路。这几种变换电路工作时输出电流都有连续和不连续两种状态，对一般的逆变系统来说，要求其输出在一定范围内电流连续。

隔离式变换电路已经被广泛应用于多种逆变式功率变换装置中，有单相逆变也有三相逆变，它们都是由 Buck 变换电路和 Boost 变换电路等基本电路组成的。隔离式变换电路的基本形式有单端正激式、单端反激式、推挽式、半桥式和全桥式几种。

其中单端式变换电路有正激式和反激式两种，它们有以下特点：

（1）开关器件少，电路结构简单。

（2）没有开关管直通问题，可靠性高。

（3）变压器单向工作，不会产生由于电路不平衡造成的偏磁问题。

同时，单端式变换电路也有缺点：

（1）单端式变换电路的开关管承受的输入电压比半桥式和全桥式变换电路要高。

（2）由于单端式变换电路变压器单向工作，磁芯的利用率低，因此变压器体积较大。

双端式变换电路不包括由单端式变换电路复合而成的变换电路，它们的特点与性能比较如下：

推挽式变换电路使用的开关器件较少且输出功率大，但开关管承受的电压高，适用于输入电压较低的场合。

半桥式变换电路使用的开关器件也较少，开关管承受的电压不高，驱动相对容易，抗不平衡能力强，但输出功率小，适合中小功率的应用场合。

全桥式变换电路开关管承受的电压不高，输出功率大，但使用的开关管数量多，驱动相对复杂，适用于功率较大的场合。

本系统电源需求为单相交流电源，容量不超过 6kVA，且锂电池组输出电压在 200～260V 之间，逆变器不需要进行前端升压，即可保证 220V 交流电压稳定输出，所以本系统逆变器采用了单端正激隔离式变换电路。

6.3   系统组成

本供电系统基于移动检测平台开发，合理利用检测平台中的 DC/DC 双向变流器和锂电池组，再加上正弦波逆变器，通过逆变器逆变为 220V/50Hz 的交流电源，为测试设备提供工作电源。在锂电池组电池电量不足时可通过直流充电桩经直流接口模拟器和 DC/DC 双向变流器给锂电池组补充电能，并设有备用交流电网接入点。在锂电池组完全没电的情况下也可采用电网为锂电池组充电。

现场供电系统工作原理图如图 6-3 所示。

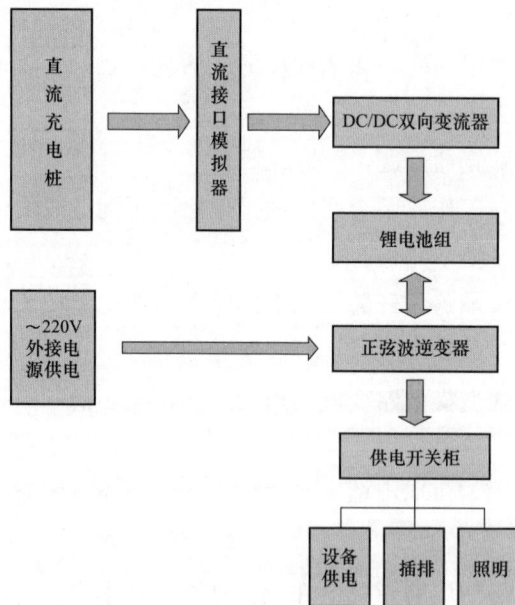

图 6-3   现场供电系统工作原理图

6.4 电源需求

移动检测平台中需要提供电源的测试设备主要有 2 套可编程直流负载、1套可编程交流负载、1 台直流充电桩综合测试设备、1 台交流车辆接口模拟器、1 台绝缘状态模拟器、1 台 DC/DC 双向变流器。测试仪表有 1 台功率分析仪、1 台示波器。需要集控系统供电电源，为工控机、服务器提供电源。需要为检测室照明及插座预留电源。用电设备明细图如图 6-4 所示。

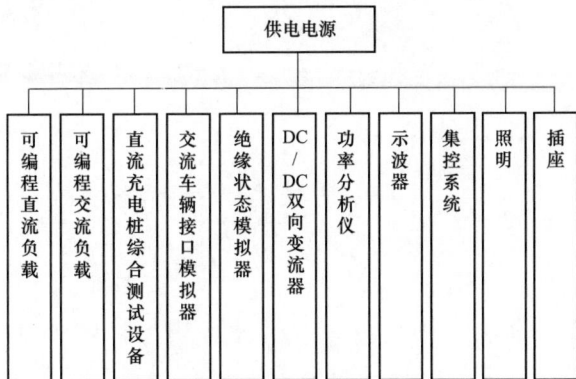

图 6-4 用电设备明细图

根据现场测试项目需求，确定所需测试设备功耗见表 6-1。

表 6-1 测 试 设 备 功 耗 需 求

序号	设备名称	电源需求（kW）
1	可编程直流负载	1.28
2	可编程交流负载	0.32
3	直流充电桩综合测试设备	0.4
4	交流车辆接口模拟器	0.15
5	绝缘状态模拟器	0.06
6	DC/DC 双向变流器	0.3
7	功率分析仪	0.25
8	示波器	0.2
9	集控系统	0.8
10	照明	0.02
11	插座	1
	合计	4.78

移动检测平台设备全部运行后功耗在 4.78kW 左右，考虑到风机等设备起动时存在冲击电流，所选逆变器容量应不小于 6kVA。

本报告提出了检测设备的现场取电方案，可以有效解决现场取电难的问题，保证现场检测工作的顺利进行，极大地提高了现场的检测效率。

第 7 章

充电设施兼容性测试诊断分析技术

7.1 充电设施的测试与诊断分析方法

目前对于电动汽车充电设备的检测大多通过人工检测，面对大规模充电设备的现场检测需要投入大量的工作人员，成本较为高昂，且容易出现误测、漏测的问题，且检测数据不能很好地及时汇总整理，不便于后续的检测调查数据使用。

针对大规模的随时可提供充电服务的电动汽车充电设备，远程在线实时检测与诊断对保证电动汽车充电设备的安全、可靠、稳定与经济运行有着重要的技术支撑作用。同时，还可全面提升电动汽车充电设备安全性能及用户充电体验，也是电动汽车充电设施检测与运维工作的技术难题与研究热点。

针对现有技术的不足，本书介绍了一种用于充电设施的测试与诊断分析方法，通过设有的数据实时采集传感器，能够实时监测充电设施各项指标的性能值，再通过数据信息通信传输终端，将数据信息统一压缩整理发送至大数据存储平台中，故障诊断分析系统通过分析比对数据信息传输终端发送的具体数据信息，以及大数据存储平台中存储各项性能指标的国家标准值，诊断分析充电设施是否出现故障问题，完成对充电设施故障的诊断分析，并将诊断结果发送至移动管理终端中，及时提醒工作人员作出具体处理，能够实现对充电设施的远程监测诊断，能够更加有效地解决充电设施管理困难的问题。

数据实时采集传感器包括多个分别设置在充电设施中，以实时监测充电设施各项指标的性能值，并将所获取的性能值具体数据信息统一发送至数据信息通信传输终端内。

数据信息通信传输终端包括多个分别对应数据实时采集传感器安装在充电设施内，用于接收数据实时采集传感器中发送的数据信息，并统一压缩整理发送至大数据存储平台中，且与数据实时采集传感器为双向关系，能够接收指令主动操作实时数据采集传感器进行对充电设施的性能检测。

大数据存储平台用于接收数据信息通信传输终端打包发送的数据信息，以及存储充电设施各项性能指标对应国家标准的数值，作为故障诊断分析的依据。

故障诊断分析系统用于在需要对充电设施进行故障诊断分析的时候，通过分析比对数据信息传输终端发送的具体数据信息，以及大数据存储平台中存储各项性能指标的国家标准值，诊断分析充电设施是否出现故障问题，完成对充电设施故障的诊断分析。

移动管理终端用于接收故障诊断分析系统对充电设施诊断分析的结果，主动下发检测指令获取充电设施实时的性能数值。

数据实时采集传感器包括充电电流检测传感器、充电电压检测传感器、充电电路温度检测传感器和充电机短路保护检测传感器。

具体方法如下：

（1）在大数据存储平台中存入关于充电设施各项性能数值对应国家标准的具体数值范围。

（2）将多个数据实时采集传感器分别安装在各个充电设施中，以实时检测充电设施的各项指标性能值。

（3）通过数据信息通信传输终端将数据实时采集传感器所获取的充电设施数据信息传输发送至存储平台中。

（4）数据存储平台对数据信息通信传输终端传输的信息存储备份，留存在数据存储平台中，以便后期随时调查查看。

（5）通过故障诊断分析系统，将数据实时采集传感器所采集的充电设施的具体性能数值，与数据存储平台中存储关于充电设施各项性能数值对应国家标准的数值范围进行逐一比对，分析得出充电设施对应哪一块的数据信息超出国家标准范围，在数据存储平台中留下数据记录备份，并将诊断结果发送至移动管理终端中，及时提醒工作人员作出具体处理。

通过此诊断方法能够实现对充电设施的远程监测诊断，能够更加有效地解决充电设施管理困难的问题，能够更好地协调人力进行必要的维护工作，提高管理效率，能够让工作人员更加及时地观察到充电设施的状态，提高相应的安全性，能够更好地促进新能源电动汽车在全国各地的推广。

7.2 分析系统框架

系统集成软件为满足自动测试需求，配备 BMS 模拟程序，并可设置对应的测试输出参数，生成电动汽车报文数据库。软件设备管理模块能和 BMS 接口模拟器、电池模拟器、录波仪等设备通信并实现远程自动控制，能通过 CAN 和充电桩进行参数配置和充电控制，编程测试互操作和协议一致性测试。数据管理模块用于测试数据的存储和分析，判断测试结果并导出测试报告。系统可实现电动汽车充电设施电气性能、充电通信规约的智能化、自动化检测，并实现检测流程、节点和关键评价指标可视化展示、测试数据存储、测试曲线绘制、故障信息和故障原因提示、检测报告生成与导出等功能。测试系统软件框架图如图 7-1 所示。

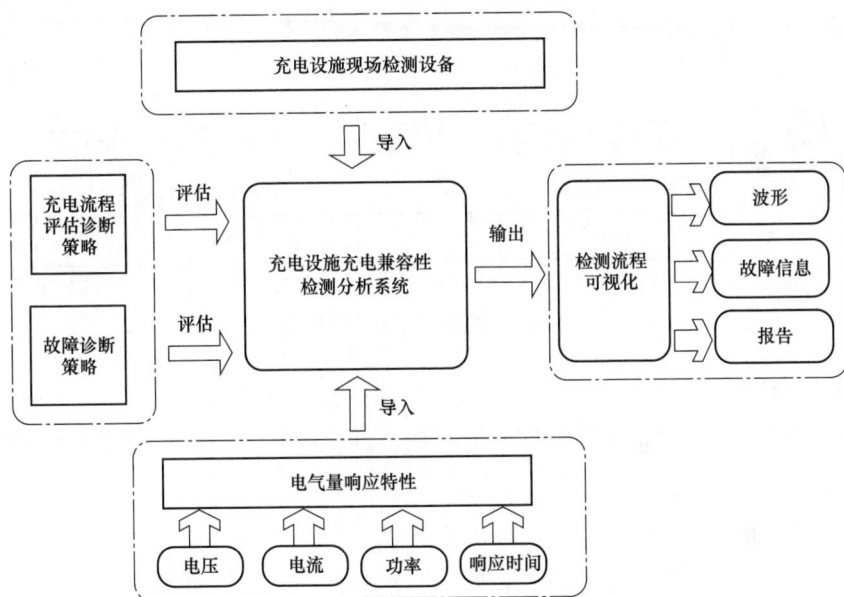

图 7-1　测试系统软件框架图

7.2.1　系统通信架构分析

系统通信架构分为 3 层，自底向上分别为设备层、控制层、数据层，如图 7-2 所示。设备层同控制层间一般使用工业总线进行通信。控制层同数据层、数据层内部使用以太网 TCP/IP 协议进行通信。特殊设备，比如示波器也可直接跨过设备层直接同控制层进行通信。

1．设备层

各种测试设备（直流接口盒、交流接口盒、可编程直流负载、交流负载等）

通过各设备所支持的通信方式连接至控制层控制计算机。

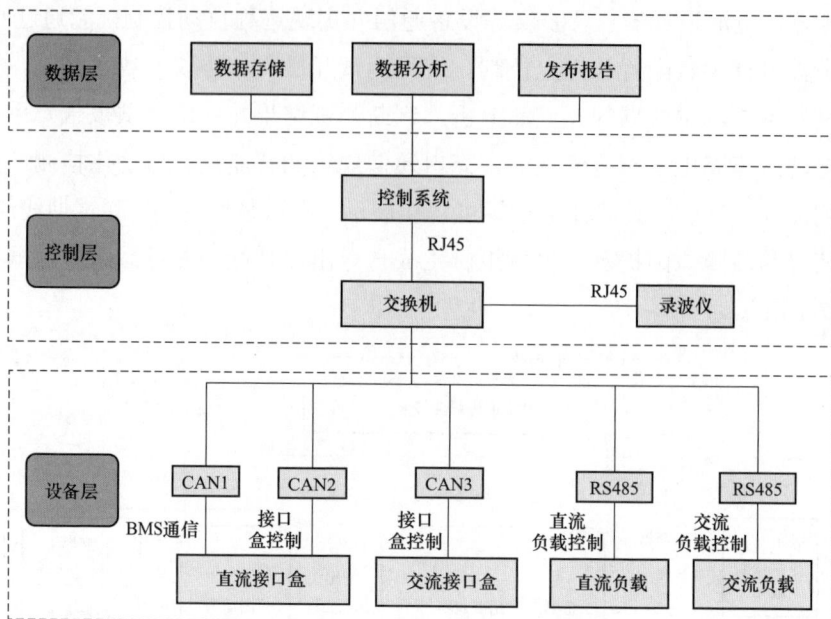

图 7-2　测试系统通信架构图

2. 控制层

本层由对现场设备进行控制的计算机及其控制软件构成，控制层对设备层具备完全控制功能。

3. 数据层

数据层位于控制层之上，通过通信协议（OPC 协议）同控制层（OPC Server）进行数据交互（向控制层的 OPC Server 端发送设备控制命令和读取设备状态数据），数据层按功能可以划分为数据存储、试验控制、测试报告发布等。

7.2.2　测试项目分析

系统软件根据测试项目类型分为充电设施互操作性测试和充电设施协议一致性测试两大部分。互操作性测试主要包括连接确认、自检阶段、充电准备就绪、充电阶段、结束阶段，以及车辆接口断开、通信中断测试、绝缘故障测试等项目。协议一致性测试主要包括 GB/T 34658—2017《电动汽车非车载传导式充电机与电池管理系统之间的通信协议一致性测试》中规定的针对充电设施的所有测试项目。测试项目类型框图如图 7-3 所示。

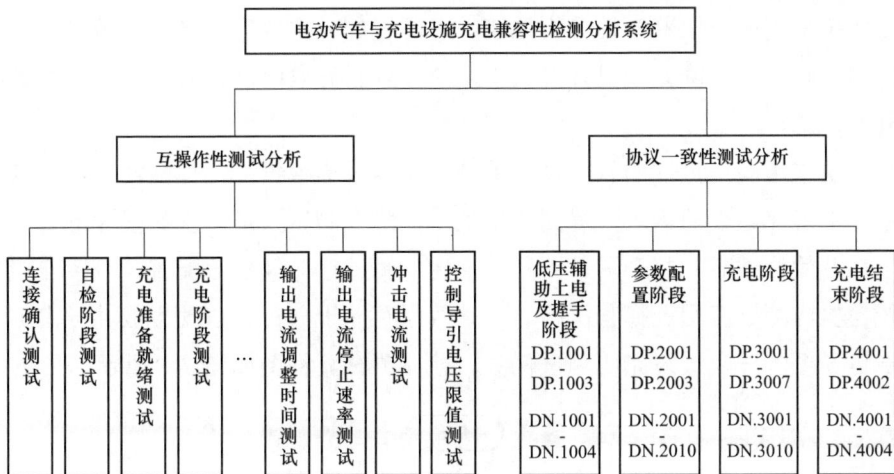

图 7-3 测试项目类型框图

7.2.3 功能模块分析

充电兼容性检测分析系统根据测试需求设计为测试任务管理、测试设备管理、测试项目和流程管理、测试数据管理、测试报告管理 5 项主要功能。如图 7-4 所示。

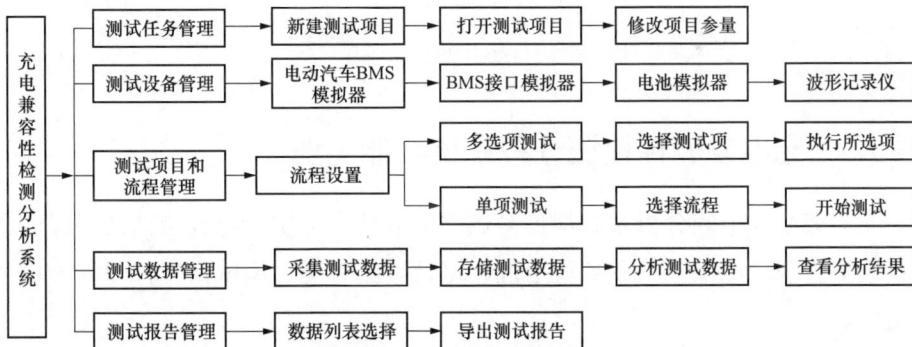

图 7-4 充电兼容性检测分析系统根据测试需求图

7.2.4 系统运行流程分析

充电兼容性检测分析系统开发平台采用独立软件的形式与数据管理系统建立联系，它具有高通用性和高移植性，可以通过不同参数配置实现对不同的检测设备的调用，从而实现对不同检测设备的自动控制，这里把这个独立的软件称之为可配置的充电兼容性分析系统。可配置的充电兼容性分析系统设计方法的应用，将会大大降低项目开发成本，节约项目开发时间，有效避免程序的二次开发。

系统采用高可扩展的软件框架系统，大容量的数据库，性能测试可以满足数字化信息化建设的需求，提高测试效率，降低测试人员的工作强度。

在开始测试后，整个测试流程包括建立测试任务及参数配置、设备连接与系统自检、测试流程选择与执行、测试数据存储于分析、自动生成并导出测试报告等 5 个阶段，最终完成测试任务。整体测试流程图如图 7-5 所示。

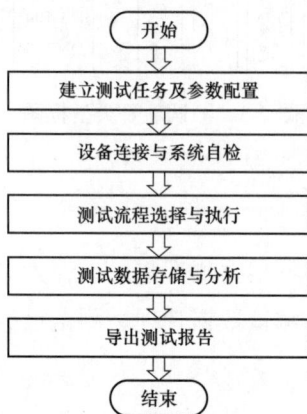

图 7-5 整体测试流程图

7.3 充电兼容性检测分析系统功能实现

充电兼容性检测分析系统根据测试需求设计，可实现包含测试任务管理、测试设备管理、测试项目和流程管理、测试数据管理、测试报告管理等 5 项主要功能。

7.3.1 测试任务管理

测试任务管理可实现对测试项目进行管理，包括新建测试项目、打开测试项目、修改项目参量、删除测试项目等功能，并对其建立专门数据库，在大量测试任务下也可快速查找相应的测试数据。

在进行新的测试任务前，首先新建测试项目，项目信息包括项目名称、项目别名、测试项目类型、报告编号及详细测试参量等信息。其中项目名称和项目别名对应测试报告的名称，报告编号对应测试数据文件夹名称，测试参量中的参数会自动被引用到自动测试参数中。

若要继续之前的测试项目，则点击打开测试项目，可根据项目名称或创建日期查询之前建立的测试项目，也可在测试项目列表中选中需要打开的测试项目名称，点击左下方"打开测试项目"即可继续在所选测试项目下进行测试。

对于已建立的测试项目，可根据测试需求对自定义参量进行修改，也可对无效的测试项目进行删除，同时测试数据将一同删除。

7.3.2　测试设备管理功能

系统软件可通过硬件配置参数和设备接口驱动，实现对整个系统和检测设备的管理。用户可以通过开放权限实现对硬件配置、接口参数的编辑。

充电设施互操作及协议一致性软件实现对电动汽车 BMS 模拟器、BMS 接口模拟器、电池模拟器及波形记录仪等设备的参数设置及控制功能。用户可以设置的内容包括开关控制、技术参数、通信参数、接口类型等。

可对电动汽车 BMS 模拟器进行 CAN 模块连接参数设置，用于模拟 BMS 与充电桩完成报文的交互；可对低压辅助上电及握手阶段、充电参数配置阶段、充电阶段、充电结束阶段的充电参数进行配置，模拟任意类型电动汽车对充电桩进行测试。

可对 BMS 接口模拟器进行 CAN 模块连接参数设置，可完成电池电压模拟、R4 电阻模拟及控制导引回路的通断，实现全业务充电流程功能的智能化和自动化控制。

可实现电池模拟器的远程自动控制，可完成电池模拟器的运行模式设置、设备限值设置及运行状态监控等功能。

可实现波形记录仪的远程自动控制，可完成波形记录仪的启动/停止远程、开始/停止录波、截取屏幕、保存波形数下载并导入波形文件、查看波形曲线等功能。

7.3.3　测试项目和流程管理

软件内置相关标准要求的测试项目，可以预先编辑设定测试流程和步骤，实现自动测试。测试流程和步骤也可以根据实际情况进行编辑和自定义。

检测项目涵盖了电动汽车充电设施的兼容性检测内容，并具备测试项目新增和编辑功能。用户可以根据实际业务的需要，自行增减测试项目。目前测试项目包括但不限于直流充电桩电气性能、互操作及协议一致性测试、交流充电桩互操作性测试等。

充电设施互操作及协议一致性软件可在综合测试窗口显示所有测试项目，开始测试前选择测试项目，点击开始测试即可自动测试所选项目。

在导入充电桩测试参数窗口可对测试参数及测试流程进行编辑、修改，可设定任意测试工况对充电桩进行测试，同时可以根据实际业务的需要，自行增减测试项目。

7.3.4　数据管理

数据管理可根据测试任务和项目建立数据库，采集并存储测试过程中的测试数据，将测试数据导入测试任务数据库。

测试过程数据自动保存到指定位置，数据文件夹名称与数据编号对应，可快速完成测试数据的查询。

7.3.5　测试报告管理

系统软件可根据报告模板调用测试数据进行自动分析，自动判断测试结果，可通过查看分析结果功能来查看所有报文收发时间，以及电池电压、充电电压、充电电流、辅助电源电压、CC1 电压等信号曲线。

直流充电桩与电动汽车 BMS 通信采用了 CAN 通信方式，周期性的 CAN 报文被应用于 CAN 节点之间的心跳信号或者实时系统信息等重要信息更新，因此，对 CAN 报文的发送周期有严格的限定，这也是测试项目中的重点。目前，对 CAN 报文周期的检测方法通常为人为检测。然而，人工检测可能漏掉中间的数据帧，造成数据帧丢失，容易引发纰漏，进而使得检测的 CAN 报文周期的准确率较低。同时，在充电设施充电兼容性检测时，需要对充电电流的调整速率及停止速率等指标进行测试，这时就需要对电压、电流等电气量信号与 CAN 报文进行同步采集。通过充电过程的充电状态转换、参数匹配、逻辑和时序要求的研究和实践，提高 CAN 报文周期检测的准确率，并实现电压、电流等电气量信号与 CAN 报文的同步采集。分析互操作目标对象间充电控制的时态顺序，以及不同活动之间的行为关系，并将对象行为和动态分析相结合，实现对影响充电互操作的相互控制因素进行定性分析和定量分析，以满足充电设施互操作检测需要。开发报文采集和电气数据波形采集同步采集，同一时间轴的采集系统，可以完美解决精确互操作时序测试的问题。

通过通信报文实时采集解码编译技术，可实现其对充电报文的自动解析功能，实时获取关键充电参数信息，并和实时采集的参数波形同一时间轴显示，实现充电报文可视化，其结果如图 7-6 所示。可实时查看充电开始、充电机握手、报文新旧版本 CHM 到充电机统计数据 CSD 的实时可视化。

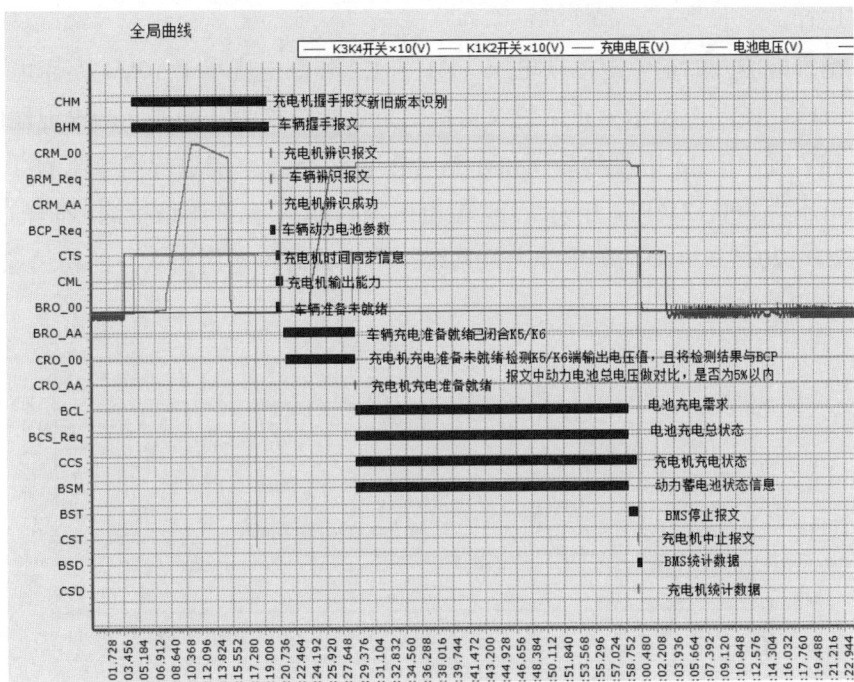

图 7-6　报文图形同步分析界面

系统软件可根据报告模板调用测试数据，自动生成并导出测试原始记录和测试报告。系统软件可对测试数据（包括报文数据与波形等）采用 Word、Excel 或其他指定格式进行记录与存储，能够进行测试原始记录和测试报告的编写。

本节针对直流充电设施充电兼容性检测分析系统研发，首先对兼容性分析系统需求进行分析，其次对充电兼容性智能化检测策略进行研究，在此基础上进行兼容性分析系统的设计与功能实现。电动汽车与充电设施充电兼容性分析系统可兼容现场与实验室检测平台、现场检测装置检测结果，实现对充电设施兼容性自动化、智能化检测，实现检测结果分析，形成针对性的运维指导意见，有效提升电动汽车充电设施运维精益化水平。

7.4　充电兼容性检测分析系统测试案例

7.4.1　自检测试

自检测试包括能否正常绝缘自检，绝缘检测电压是否合格，充电机低压辅助供电回路的电压值和电流值是否符合规定，绝缘检测完成后，泄放过程能否正常进行。

绝缘检测开始前，电池端电压（K1 和 K2 外侧电压小于 10V）是否能正常绝缘自检，图 7-7 所示为正常绝缘自检结果。绝缘检测开始前，当电池端电压为 0.18V 时，BHM 中可达最高允许充电总电压 350V，能进行绝缘监测；当电池端电压为 300.12V 时，开关断开，端电压降为 0，不允许绝缘检测，符合 GB/T 18487.1—2015《电动汽车传导充电系统　第 1 部分：通用要求》的相关规定。

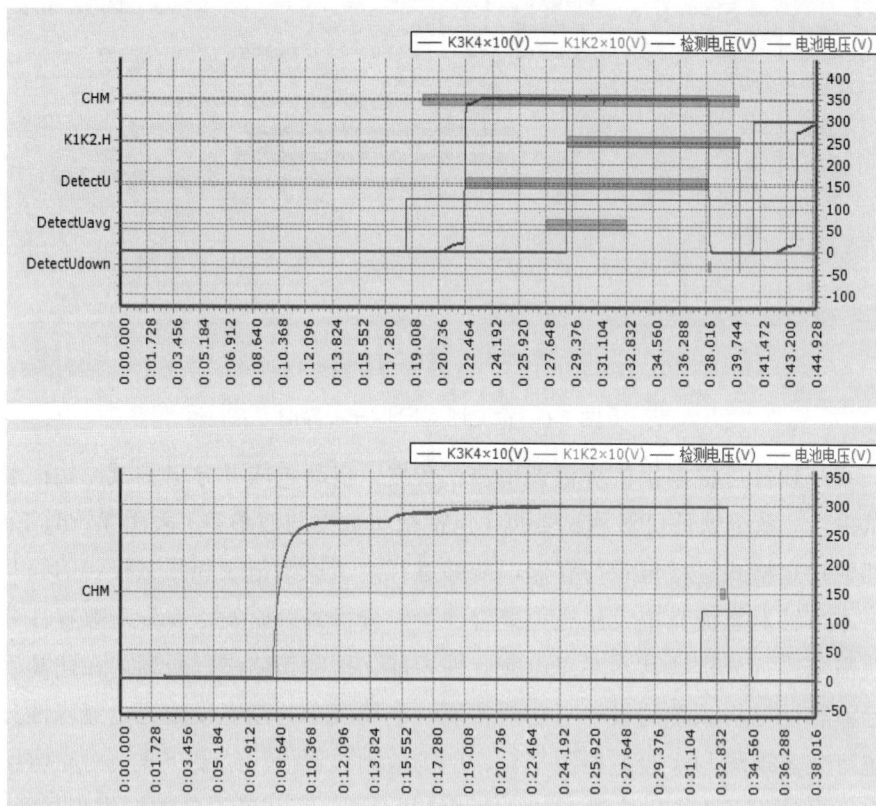

图 7-7　正常绝缘自检结果

　　绝缘检测电压是否合格，图 7-8 所示为绝缘检测电压的检测结果。充电机输出的电压范围为 200～750V 之间，当 BHM 报文中最高允许充电总电压为 120.0V 时，绝缘检测电压为 0，没有进行绝缘检测；当 BHM 报文中最高允许充电总电压分别为 350.0V 和 750V 时，绝缘检测电压分别为 351.42V 和 751.84V，检测电压上下浮动 5%，符合 GB/T 18487.1—2015《电动汽车传导充电系统　第 1 部分：通用要求》的相关规定。

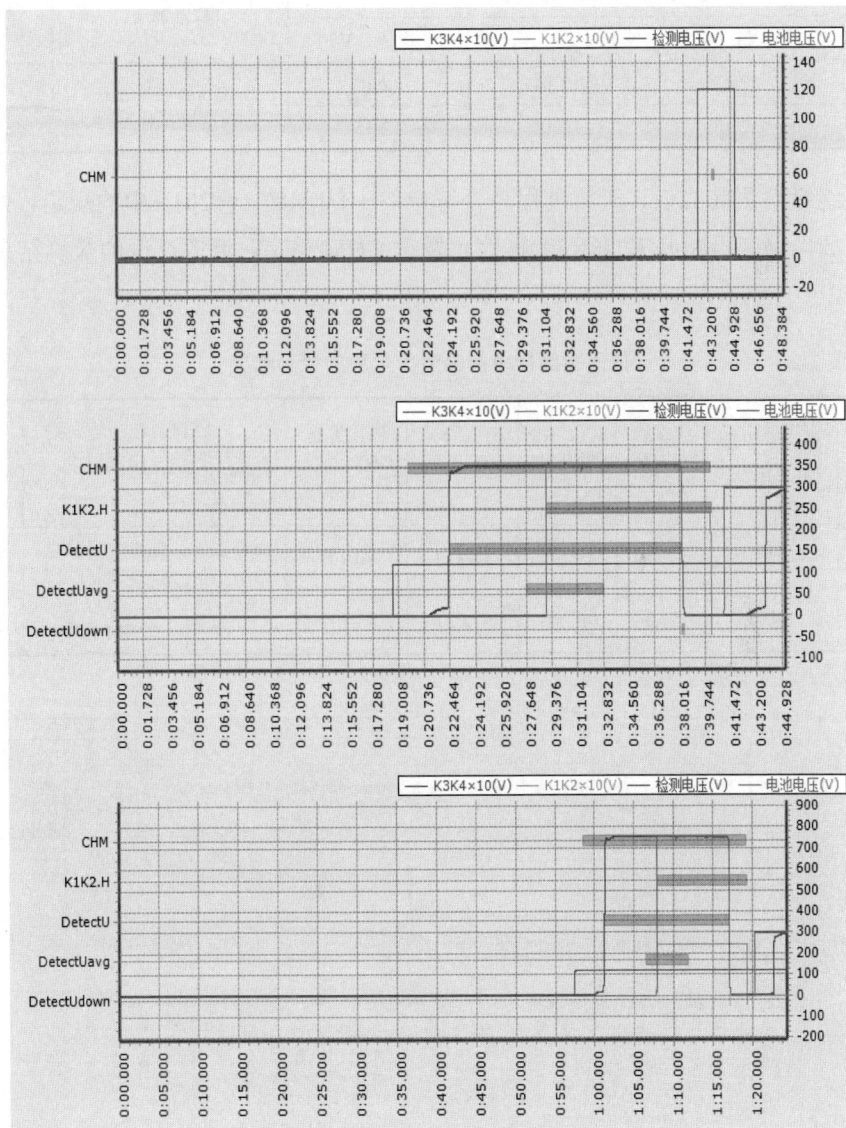

图 7-8　绝缘检测电压的检测结果

充电机低压辅助供电回路的电压值和电流值是否符合规定，表 7-1 为低压辅助供电回路的电压值测试结果。经过两次测试，低压辅助供电回路的电压值无论最大值或最小值都在标准电压 12V 上下浮动 5%，符合 GB/T 18487.1—2015《电动汽车传导充电系统 第 1 部分：通用要求》的相关规定。

表 7-1　　　　　　　　　低压辅助供电回路的电压值测试结果

序号	低压辅助供电回路的电压值			标准要求	测试结果
	最大值（V）	最小值（V）	平均值（V）		
1	12.15	12.14	12.15	电压：12V±5 电流：10A	合格
2	12.17	12.12	12.15		合格

绝缘检测完成后，泄放过程是否符合 GB/T 18487.1—2015 中的规定，先投放泄放电路，再断开 K1、K2，再停止发送 CHM 报文，泄放过程的检测结果见表 7-2。

表 7-2　　　　　　　　　低压辅助供电回路泄放过程的检测结果

序号	BHM 报文中最高允许充电总电压（V）	绝缘检测电压（V）	K1、K2 断开时间（s）	电压降至 60V 时间（s）	停止发送 CHM 报文时间（s）	实验波形	标准要求	测试结果
1	350.0	351.42	40.141	38.217	40.159	如图 7-9 所示	先投放泄放电路，再断开 K1、K2，再停止发 CHM 报文	合格
2	770.0	751.84	79.248	77.087	79.270			合格

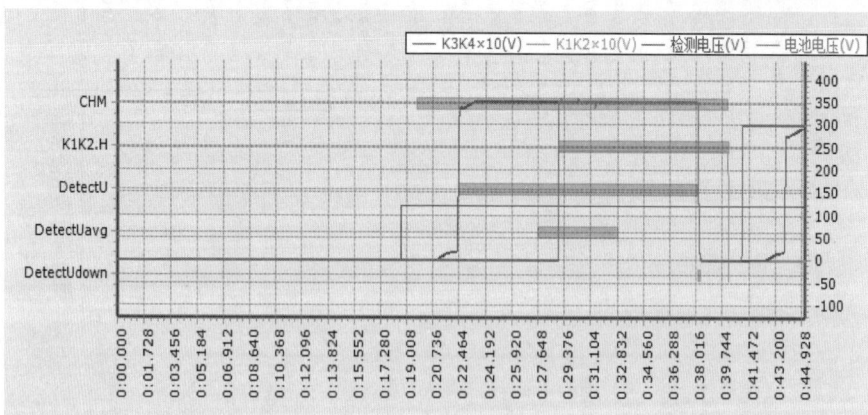

图 7-9　泄放过程的检测结果（一）

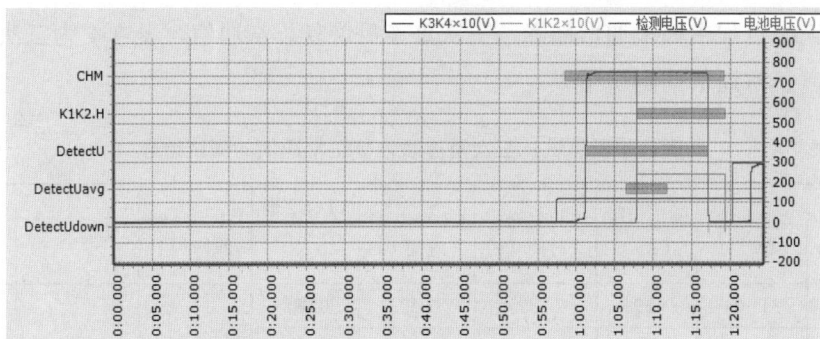

图 7-9　泄放过程的检测结果（二）

7.4.2　通信中断测试

充电过程中模拟通信故障，三次重连后，保持通信故障，表 7-3 为三次重连后依旧保持通信故障的测试结果。

表 7-3　　通信中断测试：三次重连后依旧保持通信故障的测试结果

输出电压（V）	输出电流（A）	停止发送报文时间（s）	K1、K2 断开时间（s）	K1、K2断开电流（A）	K3、K4断开时间（s）	实验波形	测试结果
310.79	4.369	62.509	63.562	2.439	85.554	如图 7-10所示	合格

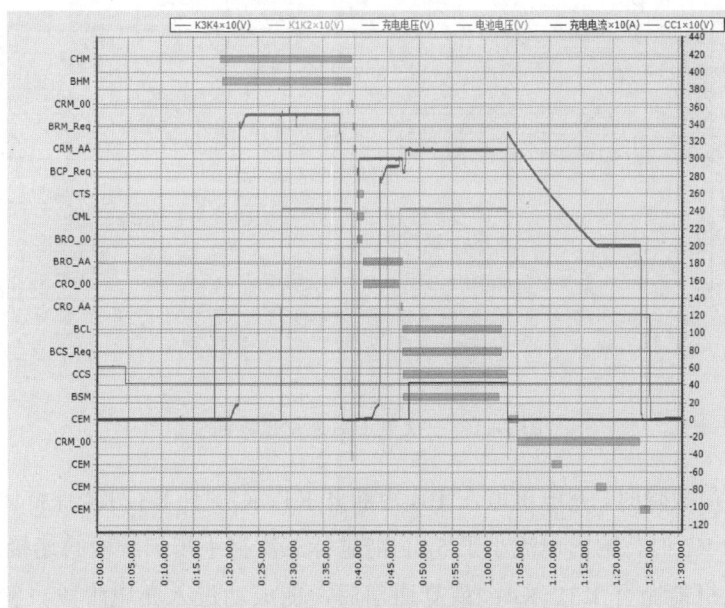

图 7-10　三次重连后依旧保持通信故障

充电过程中模拟通信故障，三次重连后恢复正常通信，表 7-4 为三次重连后恢复正常通信的测试结果。

表 7-4　　　　　通信中断测试：三次重连后恢复正常通信的测试结果

类型	输出电压（V）	输出电流（A）	停止发送报文时间（s）	K1、K2 断开时间（s）	K1、K2 断开电流（A）	K3、K4 断开时间（s）	实验波形	测试结果
首充	311.04	4.390	72.397	73.573	0.098			合格
重连 1	310.69	4.235	91.631	92.684	0.098	133.405	如图 7-11 所示	合格
重连 2	310.55	4.326	110.629	111.684	0.098			合格
重连 3	310.86	4.330	130.833	131.888	0.084			合格

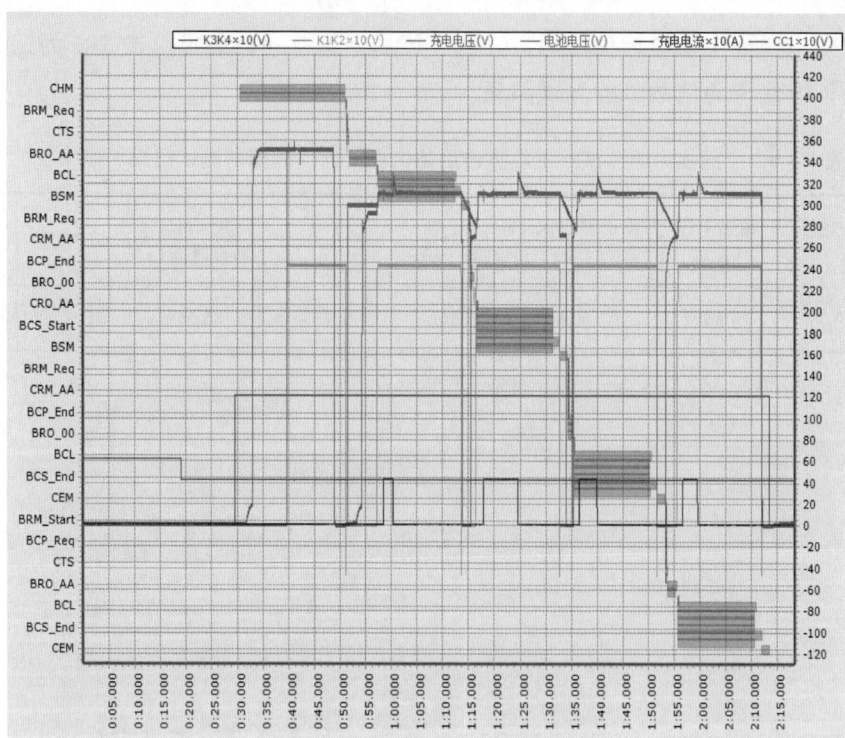

图 7-11　三次重连后恢复正常通信

当通信故障时，充电机能在 10s 内断开 K1、K2，且 K3、K4 保持闭合状态。断开 K1、K2 时，输出电流小于 5A，能进行三次握手辨识阶段的连接。通信中断后充电机能断开 K3、K4；恢复通信后，能成功进入充电阶段，符合 GB/T 18487.1—2015《电动汽车传导充电系统　第 1 部分：通用要求》的规定。

7.4.3　协议一致性测试

协议一致性测试数据见表 7-5。

表 7-5　　　　　　　　　　协议一致性测试数据

测试内容	测试含义
测试编号	DN.1001
前置条件	（1）充电机和测试系统进入握手辨识阶段； （2）测试系统接收到 SPN2560＝0x00 的 CRM 报文
测试步骤	测试系统不发送报文
预期结果	（1）自首次发送 CRM 报文起 5s 内充电机按 250ms 的周期发送 SPN2560＝0x00 的 CRM 报文； （2）超过 5s 充电机发送 SPN3921＝01 的 CEM 报文，报文格式、内容和周期符合 GB/T 27930—2015《电动汽车非车载传导式充电机与电池管理系统之间的通信协议》中 9.5 和 10.5.2 的要求
测试数据	（1）超时时间：20.001s，不合格； （2）CRM 周期：收到 CRM 报文，平均周期：249；最小间隔：180；最大间隔：320；CRM 报文周期合格； （3）CEM 格式：不合格； CEM 内容：SPN0＝01，不合格； CEM 周期：平均周期：250；最小间隔：240；最大间隔：257；合格
测试结论	不合格
故障诊断	接收 BRM 报文：正常；接收 BCP 报文：正常；接收 BRO 报文：正常；接收 BCS 报文：正常；接收 BCL 报文：正常；接收 BST 报文：正常；接收 BSD 报文：正常
测试编号	DN.1002
前置条件	（1）充电机和测试系统进入辨识阶段； （2）测试系统接收到 SPN2560＝0x00 的 CRM 报文
测试步骤	测试系统不使用传输协议功能发送 BRM 报文
预期结果	（1）自首次发送 CRM 报文起 5s 内充电机按 250ms 的周期发送 SPN2560＝0x00 的 CRM 报文； （2）超过 5s 充电机发送 SPN3921＝01 的 CEM 报文，报文格式、内容和周期符合 GB/T 27930—2015《电动汽车非车载传导式充电机与电池管理系统之间的通信协议》中 9.5 和 10.5.2 的要求
测试数据	（1）超时时间：19.996s，不合格； （2）CRM 周期：收到 CRM 报文，平均周期：249；最小间隔：149；最大间隔：345；CRM 报文周期合格； （3）CEM 格式：不合格； CEM 内容：SPN0＝01，不合格； CEM 周期：平均周期：249；最小间隔：240；最大间隔：255；合格

测试内容	测试含义
测试结论	不合格
故障诊断	接收 BRM 报文：正常；接收 BCP 报文：正常；接收 BRO 报文：正常；接收 BCS 报文：正常；接收 BCL 报文：正常；接收 BST 报文：正常；接收 BSD 报文：正常
测试编号	DN.1003
前置条件	（1）充电机和测试系统进入握手辨识阶段； （2）测试系统接收到 SPN2560＝0x00 的 CRM 报文
测试步骤	测试系统继续按 250ms 的周期发送 BHM 报文，报文格式、内容和周期符合 GB/T 27930—2015《电动汽车非车载传导式充电机与电池管理系统之间的通信协议》中 9.1 和 10.1.2 的要求
预期结果	（1）自首次发送 CRM 报文起 5s 内充电机按 250ms 的周期发送 SPN2560＝0x00 的 CRM 报文； （2）超过 5s 充电机发送 SPN3921＝01 的 CEM 报文，报文格式、内容和周期符合 GB/T 27930—2015《电动汽车非车载传导式充电机与电池管理系统之间的通信协议》中 9.5 和 10.5.2 的要求
测试数据	（1）超时时间：19.996s，不合格； （2）CRM 周期：收到 CRM 报文，平均周期：249；最小间隔：193；最大间隔：303；CRM 报文周期合格； （3）CEM 格式：不合格； CEM 内容：SPN0＝01，不合格； CEM 周期：平均周期：250；最小间隔：241；最大间隔：259；合格
测试结论	不合格
故障诊断	接收 BRM 报文：正常；接收 BCP 报文：正常；接收 BRO 报文：正常；接收 BCS 报文：正常；接收 BCL 报文：正常；接收 BST 报文：正常；接收 BSD 报文：正常
测试编号	DN.1004
前置条件	（1）充电机和测试系统进入辨识阶段； （2）测试系统接收到 SPN2560＝0xAA 的 CRM 报文
测试步骤	测试系统继续使用传输协议功能，按 250ms 的周期发送 BRM 报文，报文格式、内容和周期符合 GB/T 27930—2015《电动汽车非车载传导式充电机与电池管理系统之间的通信协议》中 9.1 和 10.1.4 的要求
预期结果	（1）自发送 SPN2560＝0xAA 的 CRM 报文起 5s 内，充电机使用传输协议功能接收 BRM 报文，并按 250ms 的周期发送 SPN2560＝0xAA 的 CRM 报文，报文格式、内容和周期符合 GB/T 27930—2015《电动汽车非车载传导式充电机与电池管理系统之间的通信协议》中 9.1 和 10.1.3 的要求； （2）超过 5s，充电机发送 SPN3922＝01 的 CEM 报文机，报文格式、内容和周期符合 GB/T 27930—2015《电动汽车非车载传导式充电机与电池管理系统之间的通信协议》中 9.5 和 10.5.2 的要求

续表

测试内容	测试含义
测试数据	（1）超时时间：10.113s 不合格； （2）CRM 周期：收到 CRM 报文，平均周期：259；最小间隔：247；最大间隔：268；CRM 报文周期合格； （3）CEM 格式：合格； CEM 内容：SPN3922＝01，合格； CEM 周期：平均周期：250；最小间隔：241；最大间隔：252；合格
测试结论	不合格
故障诊断	接收 BRM 报文：正常；接收 BCP 报文：超时；接收 BRO 报文：正常；接收 BCS 报文：正常；接收 BCL 报文：正常；接收 BST 报文：正常；接收 BSD 报文：正常
测试编号	DN.2001
前置条件	充电机和测试系统进入充电参数配置阶段
测试步骤	测试系统停止发送报文
预期结果	（1）自首次发送 SPN2560＝0xAA 的 CRM 报文起 5s 内，充电机按 250ms 的周期发送 SPN2560＝0xAA 的 CRM 报文； （2）超过 5s，充电机发送 SPN3922＝01 的 CEM 报文，报文格式、内容和周期符合 GB/T 27930—2015《电动汽车非车载传导式充电机与电池管理系统之间的通信协议》中 9.5 和 10.5.2 的要求
测试数据	（1）超时时间：10.130s 不合格； （2）CRM 周期：收到 CRM 报文，平均周期：259；最小间隔：180；最大间隔：333；CRM 报文周期合格； （3）CEM 格式：合格； CEM 内容：SPN3922＝01，合格； CEM 周期：平均周期：249；最小间隔：241；最大间隔：259；合格
测试结论	不合格
故障诊断	接收 BRM 报文：正常；接收 BCP 报文：超时；接收 BRO 报文：正常；接收 BCS 报文：正常；接收 BCL 报文：正常；接收 BST 报文：正常；接收 BSD 报文：正常
测试编号	DN.2002
前置条件	充电机和测试系统进入充电参数配置阶段
测试步骤	测试系统不使用传输协议功能发送 BCP 报文
预期结果	（1）自首次发送 SPN2560＝0xAA 的 CRM 报文起 5s 内，充电机按 250ms 的周期发送 SPN2560＝0xAA 的 CRM 报文； （2）超过 5s，充电机发送 SPN3922＝01 的 CEM 报文，报文格式、内容和周期符合 GB/T 27930—2015《电动汽车非车载传导式充电机与电池管理系统之间的通信协议》中 9.5 和 10.5.2 的要求

测试内容	测试含义
测试数据	（1）超时时间：10.127s 不合格； （2）CRM 周期：收到 CRM 报文，平均周期：259；最小间隔：252；最大间隔：269；CRM 报文周期合格； （3）CEM 格式：合格； CEM 内容：SPN3922＝01，合格； CEM 周期：平均周期：248；最小间隔：240；最大间隔：257；合格
测试结论	不合格
故障诊断	接收 BRM 报文：正常；接收 BCP 报文：超时；接收 BRO 报文：正常；接收 BCS 报文：正常；接收 BCL 报文：正常；接收 BST 报文：正常；接收 BSD 报文：正常
测试编号	DN.2003
前置条件	测试系统接收到 CML 报文和 CTS 报文（可选）
测试步骤	测试系统停止发送报文
预期结果	（1）自首次发送 CML 报文，CTS 报文（可选）起 5s 内，充电机按 250ms 的周期发送 CML 报文，500ms 的周期发送 CTS 报文（可选）； （2）超过 5s，充电机发送 SPN3923＝01 的 CEM 报文，报文格式、内容和周期符合 GB/T 27930—2015《电动汽车非车载传导式充电机与电池管理系统之间的通信协议》中 9.5 和 10.5.2 的要求
测试数据	（1）超时时间：未收到 CEM，不合格； （2）CML 周期：收到 CML 报文，平均周期：259；最小间隔：215；最大间隔：302；CML 报文周期合格 CTS 周期： CEM，不合格 CEM 内容：CEM 周期
测试结论	不合格
测试编号	DN.2004
前置条件	测试系统接收到 CML 报文和 CTS 报文（可选）
测试步骤	测试系统发送与 BRO 报文类型定义不符的报文
预期结果	（1）自首次发送 CML 报文，CTS 报文（可选）起 5s 内，充电机按 250ms 的周期发送 CML 报文，500ms 的周期发送 CTS 报文（可选）； （2）超过 5s，充电机发送 SPN3923＝01 的 CEM 报文，报文格式、内容和周期符合 GB/T 27930—2015《电动汽车非车载传导式充电机与电池管理系统之间的通信协议》中 9.5 和 10.5.2 的要求
测试数据	（1）超时时间：未收到 CEM，不合格； （2）CML 周期：收到 CML 报文，平均周期：259；最小间隔：231；最大间隔：272；CML 报文周期合格； CTS 周期： （3）CEM 格式：未收到 CEM，不合格； CEM 内容： CEM 周期
测试结论	不合格

续表

测试内容	测试含义
测试编号	DN.2005
前置条件	测试系统接收到 CML 报文和 CTS 报文（可选）
测试步骤	测试系统按 250ms 的周期发送 BRO 报文，SPN2829≠0xAA
预期结果	（1）自首次发送 CML 报文，CTS 报文（可选）起 60s 内，充电机按 250ms 的周期发送 CML 报文，500ms 的周期发送 CTS 报文（可选）； （2）超过 60s，充电机发送 SPN3923＝01 的 CEM 报文，报文格式、内容和周期符合 GB/T 27930—2015《电动汽车非车载传导式充电机与电池管理系统之间的通信协议》中 9.5 和 10.5.2 的要求
测试数据	（1）超时时间：60.179s 合格； （2）CML 周期：收到 CML 报文，平均周期：259；最小间隔：236；最大间隔：273；CML 报文周期合格； CTS 周期： （3）CEM 格式：合格； CEM 内容：SPN3923＝01，合格； CEM 周期：平均周期：250；最小间隔：240；最大间隔：255；合格
测试结论	合格
故障诊断	接收 BRM 报文：正常；接收 BCP 报文：正常；接收 BRO 报文：超时；接收 BCS 报文：正常；接收 BCL 报文：正常；接收 BST 报文：正常；接收 BSD 报文：正常
测试编号	DN.2006
前置条件	测试系统接收到 CML 报文和 CTS 报文（可选）
测试步骤	测试系统继续使用传输协议功能，按 500ms 的周期发送 BCP 报文，报文格式、内容和周期符合 GB/T 27930—2015《电动汽车非车载传导式充电机与电池管理系统之间的通信协议》中 9.2 和 10.2.1 的要求
预期结果	（1）自首次发送 CML 报文，CTS 报文（可选）起 5s 内充电机使用传输协议功能接收 BCP 报文，按 250ms 的周期发送 CML 报文，500ms 的周期发送 CTS 报文（可选）； （2）超过 5s 充电机停止发送 CML 报文和 CTS 报文（可选），按 250ms 的周期发送 SPN3923＝01 的 CEM 报文，报文格式、内容和周期符合 GB/T 27930—2015《电动汽车非车载传导式充电机与电池管理系统之间的通信协议》中 9.5 和 10.5.2 的要求
测试数据	（1）超时时间：未收到 CEM，不合格； （2）CML 周期：收到 CML 报文，平均周期：262；最小间隔：116；最大间隔：400；CML 报文周期合格； CTS 周期： （3）CEM 格式：未收到 CEM，不合格； CEM 内容： CEM 周期：
测试结论	不合格

测试内容	测试含义
测试编号	DN.2007
前置条件	测试系统接收到 SPN2830＝0x00 的 CRO 报文
测试步骤	测试系统停止发送报文
预期结果	（1）自上一次接收到 SPN2829＝0xAA 的 BRO 报文起 5s 内，充电机按 250ms 的周期发送 SPN2830＝0x00 的 CRO 报文； （2）超过 5s 充电机停止发送 CRO 报文，按 250ms 的周期发送 SPN3923＝01 的 CEM 报文，报文格式、内容和周期符合 GB/T 27930—2015《电动汽车非车载传导式充电机与电池管理系统之间的通信协议》中 9.5 和 10.5.2 的要求
测试数据	（1）超时时间：未收到 CEM，不合格； （2）CRO 周期：未收到 CRO 报文； （3）CEM 格式：未收到 CEM，不合格； CEM 内容： CEM 周期：
测试结论	不合格
测试编号	DN.2008
前置条件	测试系统接收到 SPN2830＝0x00 的 CRO 报文
测试步骤	测试系统停止发送 SPN2829＝0xAA 的 BRO 报文，发送与 BRO 报文类型定义不符的报文
预期结果	（1）自上一次接收到 SPN2829＝0xAA 的 BRO 报文起 5s 内，充电机按 250ms 的周期发送 SPN2830＝0x00 的 CRO 报文； （2）超过 5s 充电机停止发送 CRO 报文，按 250ms 的周期发送 SPN3923＝01 的 CEM 报文，报文格式、内容和周期符合 GB/T 27930—2015《电动汽车非车载传导式充电机与电池管理系统之间的通信协议》中 9.5 和 10.5.2 的要求
测试数据	（1）超时时间：未收到 CEM，不合格； （2）CRO 周期：未收到 CRO 报文； （3）CEM 格式：未收到 CEM，不合格； CEM 内容： CEM 周期：
测试结论	不合格
测试编号	DN.2009
前置条件	测试系统接收到 SPN2830＝0x00 的 CRO 报文
测试步骤	测试系统按 250ms 的周期发送 SPN2829＝0x00 的 BRO 报文，报文格式、内容和周期符合 GB/T 27930—2015《电动汽车非车载传导式充电机与电池管理系统之间的通信协议》中 9.2 和 10.2.4 的要求
预期结果	充电机判断出错，停止通信，断开 K1、K2、K3、K4，电子锁解锁
测试数据	
测试结论	
故障诊断	

测试内容	测试含义
测试编号	DP.3007
前置条件	（1）充电机和测试系统充电过程中； （2）充电机主动中止充电
测试步骤	充电机按照可模拟的方式停止充电
预期结果	充电机按 10ms 的周期发送 CST 报文，报文格式、内容和周期符合 GB/T 27930—2015《电动汽车非车载传导式充电机与电池管理系统之间的通信协议》中 9.3 和 10.3.9 的要求，报文长度为 4 个字节，同时停止电力输出
测试数据	（1）CST 格式：合格； （2）CST 内容：达到充电机设定条件中止：正常；人工中止：人工中止；故障中止：正常；BMS 主动中止：正常；充电机过温故障：正常；BMS 充电连接器故障：正常；充电机内部过温：正常；所需电量不能传送：正常；充电机急停：正常；其他故障：正常；电流不匹配：正常；电压异常：正常； CST 周期：平均周期：29；最小间隔：0；最大间隔：54；报文周期不合格 CST 报文长度：4 字节合格
测试结论	不合格
测试编号	DN.3005
前置条件	充电机与测试系统正常充电状态中
测试步骤	测试系统按 50ms 的周期发送 BCL 报文，不发送 BCS 报文
预期结果	（1）自上一次接收到 BCS 报文起 5s 内，充电机发送 CCS 报文，报文格式、内容和周期符合 GB/T 27930—2015《电动汽车非车载传导式充电机与电池管理系统之间的通信协议》中 9.3 和 10.3.3 的要求； （2）超过 5s，充电机发送 SPN3924＝01 的 CEM 报文，报文格式、内容和周期符合 GB/T 27930—2015《电动汽车非车载传导式充电机与电池管理系统之间的通信协议》中 9.5 和 10.5.2 的要求
测试数据	（1）超时时间：6.684s 不合格； （2）CCS 格式：合格； CCS 内容：输出电压：247.3V；输出电流：0.0A；累计充电时间：0min；充电允许标志：暂停； CCS 周期：收到 CCS 报文，平均周期：50；最小间隔：16；最大间隔：109；CCS 报文周期不合格； （3）CEM 格式：不合格； CEM 内容：SPN3925＝01，不合格； CEM 周期：平均周期：249；最小间隔：241；最大间隔：256；合格
测试结论	不合格
故障诊断	接收 BRM 报文：正常；接收 BCP 报文：正常；接收 BRO 报文：正常；接收 BCS 报文：正常；接收 BCL 报文：超时；接收 BST 报文：正常；接收 BSD 报文：正常

续表

测试内容	测试含义
测试编号	DN.3006
前置条件	充电机与测试系统正常充电状态中
测试步骤	测试系统使用传输协议功能，按 250ms 的周期发送 BCS 报文，不发送 BCL 报文
预期结果	（1）充电机使用传输协议功能接收 BCS 报文； （2）自上一次接收到 BCL 报文起 1s 内，充电机发送 CCS 报文，报文格式、内容和周期符合 GB/T 27930—2015《电动汽车非车载传导式充电机与电池管理系统之间的通信协议》中 9.3 和 10.3.3 的要求； （3）超过 1s，充电机发送 SPN3925＝01 的 CEM 报文，报文格式、内容和周期符合 GB/T 27930—2015《电动汽车非车载传导式充电机与电池管理系统之间的通信协议》中 9.5 和 10.5.2 的要求
测试数据	（1）超时时间：1.063s 合格； （2）CCS 格式：合格； CCS 内容：输出电压：291.7V；输出电流：0.0A；累计充电时间：0min；充电允许标志：暂停； CCS 周期：收到 CCS 报文，平均周期：50；最小间隔：42；最大间隔：59；CCS 报文周期不合格； （3）CEM 格式：合格； CEM 内容：SPN3925＝01，合格； CEM 周期：平均周期：250；最小间隔：240；最大间隔：256；合格
测试结论	不合格
故障诊断	接收 BRM 报文：正常；接收 BCP 报文：正常；接收 BRO 报文：正常；接收 BCS 报文：正常；接收 BCL 报文：超时；接收 BST 报文：正常；接收 BSD 报文：正常
测试编号	DN.3007
前置条件	充电机与测试系统正常充电状态中
测试步骤	测试系统按 50ms 的周期发送 BCL 报文，报文格式、内容和周期符合 GB/T 27930—2015《电动汽车非车载传导式充电机与电池管理系统之间的通信协议》中 9.3 和 10.3.1 的要求，不使用传输协议功能发送 BCS 报文
预期结果	（1）自上一次接收到 BCS 报文起 5s 内，充电机发送 CCS 报文，报文格式、内容和周期符合 GB/T 27930—2015《电动汽车非车载传导式充电机与电池管理系统之间的通信协议》中 9.3 和 10.3.3 的要求； （2）超过 5s，充电机发送 SPN3924＝01 的 CEM 报文，报文格式、内容和周期符合 GB/T 27930—2015《电动汽车非车载传导式充电机与电池管理系统之间的通信协议》中 9.5 和 10.5.2 的要求
测试数据	（1）超时时间：6.529s 不合格； （2）CCS 格式：合格； CCS 内容：输出电压：195.8V；输出电流：0.0A；累计充电时间：0min；充电允许标志：暂停； CCS 周期：收到 CCS 报文，平均周期：51；最小间隔：15；最大间隔：120；CCS 报文周期不合格； （3）CEM 格式：不合格； CEM 内容：SPN3925＝01，不合格； CEM 周期：平均周期：250；最小间隔：238；最大间隔：261；合格

测试内容	测试含义
测试结论	不合格
故障诊断	接收 BRM 报文：正常；接收 BCP 报文：正常；接收 BRO 报文：正常；接收 BCS 报文：正常；接收 BCL 报文：超时；接收 BST 报文：正常；接收 BSD 报文：正常
测试编号	DN.3008
前置条件	充电机与测试系统正常充电状态中
测试步骤	测试系统使用传输协议功能，按 250ms 的周期发送 BCS 报文，报文格式、内容和周期符合 GB/T 27930—2015《电动汽车非车载传导式充电机与电池管理系统之间的通信协议》中 9.3 和 10.3.2 的要求；发送与 BCL 报文类型定义不符的报文
预期结果	（1）充电机使用传输协议功能接收 BCS 报文； （2）自上一次接收到 BCL 报文起 1s 内，充电机发送 CCS 报文，报文格式、内容和周期符合 GB/T 27930—2015《电动汽车非车载传导式充电机与电池管理系统之间的通信协议》中 9.3 和 10.3.3 的要求； （3）超过 1s，充电机发送 SPN3925＝01 的 CEM 报文，报文格式、内容和周期符合 GB/T 27930—2015《电动汽车非车载传导式充电机与电池管理系统之间的通信协议》中 9.5 和 10.5.2 的要求
测试数据	（1）超时时间：1.218s 不合格； （2）CCS 格式：合格； CCS 内容：输出电压：176.0V；输出电流：0.0A；累计充电时间：0min；充电允许标志：暂停； CCS 周期：收到 CCS 报文，平均周期：49；最小间隔：33；最大间隔：60；CCS 报文周期不合格； （3）CEM 格式：合格； CEM 内容：SPN3925＝01，合格； CEM 周期：平均周期：250；最小间隔：243；最大间隔：253；合格
测试结论	不合格
故障诊断	接收 BRM 报文：正常；接收 BCP 报文：正常；接收 BRO 报文：正常；接收 BCS 报文：正常；接收 BCL 报文：超时；接收 BST 报文：正常；接收 BSD 报文：正常
测试编号	DN.3009
前置条件	充电机主动中止充电，按 10ms 的周期发送 CST 报文
测试步骤	测试系统停止发送报文
预期结果	（1）自首次发送 CST 报文起 5s 内，充电机按 10ms 的周期发送 CST 报文，报文格式、内容和周期符合 GB/T 27930—2015《电动汽车非车载传导式充电机与电池管理系统之间的通信协议》中 9.3 和 10.3.9 的要求； （2）超过 5s，充电机发送 SPN3926＝01 的 CEM 报文，报文格式、内容和周期符合 GB/T 27930—2015《电动汽车非车载传导式充电机与电池管理系统之间的通信协议》中 9.5 和 10.5.2 的要求

测试内容	测试含义
测试数据	（1）超时时间：9.984s 不合格； （2）CST 格式：合格； CST 内容：达到充电机设定条件中止：正常；人工中止：人工中止；故障中止：正常；BMS 主动中止：正常；充电机过温故障：正常；BMS 充电连接器故障：正常；充电机内部过温：正常；所需电量不能传送：正常；充电机急停：正常；其他故障：正常；电流不匹配：正常；电压异常：正常； CST 周期：收到 CST 报文，平均周期：14；最小间隔：13；最大间隔：50；CST 报文周期不合格； （3）CEM 格式：合格； CEM 内容：SPN3926＝01，合格； CEM 周期：只有一条记录，无法计算周期
测试结论	不合格
故障诊断	接收 BRM 报文：正常；接收 BCP 报文：正常；接收 BRO 报文：正常；接收 BCS 报文：正常；接收 BCL 报文：正常；接收 BST 报文：超时；接收 BSD 报文：正常
测试编号	DN.3010
前置条件	充电机主动中止充电，按 10ms 的周期发送 CST 报文
测试步骤	测试系统按 10ms 的周期发送与 BST 报文类型定义不符的报文
预期结果	（1）自首次发送 CST 报文起 5s 内，充电机按 10ms 的周期发送 CST 报文，报文格式、内容和周期符合 GB/T 27930—2015《电动汽车非车载传导式充电机与电池管理系统之间的通信协议》中 9.3 和 10.3.9 的要求； （2）超过 5s，充电机发送 SPN3926＝01 的 CEM 报文，报文格式、内容和周期符合 GB/T 27930—2015《电动汽车非车载传导式充电机与电池管理系统之间的通信协议》中 9.5 和 10.5.2 的要求
测试数据	（1）超时时间：9.997s 不合格； （2）CST 格式：合格； CST 内容：达到充电机设定条件中止：正常；人工中止：人工中止；故障中止：正常；BMS 主动中止：正常；充电机过温故障：正常；BMS 充电连接器故障：正常；充电机内部过温：正常；所需电量不能传送：正常；充电机急停：正常；其他故障：正常；电流不匹配：正常；电压异常：正常； CST 周期：收到 CST 报文，平均周期：14；最小间隔：12；最大间隔：53；CST 报文周期不合格； （3）CEM 格式：合格； CEM 内容：SPN3926＝01，合格； CEM 周期：只有一条记录，无法计算周期
测试结论	不合格
故障诊断	接收 BRM 报文：正常；接收 BCP 报文：正常；接收 BRO 报文：正常；接收 BCS 报文：正常；接收 BCL 报文：正常；接收 BST 报文：超时；接收 BSD 报文：正常

续表

测试内容	测试含义
测试编号	DN.4001
前置条件	测试系统主动中止充电，发送 BST 报文且接收到 CST 报文
测试步骤	测试系统停止发送报文
预期结果	（1）自首次发送 CST 报文起 10s 内充电机按 10ms 的周期发送 CST 报文，报文格式、内容和周期符合 GB/T 27930—2015《电动汽车非车载传导式充电机与电池管理系统之间的通信协议》中 9.3 和 10.3.9 的要求； （2）超过 10s 充电机发送 SPN3927＝01 的 CEM 报文，报文格式、内容和周期符合 GB/T 27930—2015《电动汽车非车载传导式充电机与电池管理系统之间的通信协议》中 9.5 和 10.5.2 的要求
测试数据	（1）超时时间：9.979s 不合格； （2）CST 格式：合格； CST 内容：达到充电机设定条件中止：正常；人工中止：正常；故障中止：正常；BMS 主动中止：BMS 主动中止；充电机过温故障：正常；BMS 充电连接器故障：正常；充电机内部过温：正常；所需电量不能传送：正常；充电机急停：正常；其他故障：正常；电流不匹配：正常；电压异常：正常； CST 周期：收到 CST 报文，平均周期：10；最小间隔：0；最大间隔：69；CST 报文周期合格； （3）CEM 格式：合格； CEM 内容：SPN3927＝01，合格； CEM 周期：只有一条记录，无法计算周期
测试结论	不合格
故障诊断	接收 BRM 报文：正常；接收 BCP 报文：正常；接收 BRO 报文：正常；接收 BCS 报文：正常；接收 BCL 报文：正常；接收 BST 报文：正常；接收 BSD 报文：超时
测试编号	DN.4002
前置条件	测试系统主动中止充电，发送 BST 报文且接收到 CST 报文
测试步骤	测试系统按 250ms 的周期发送与 BSD 报文类型定义不符的报文
预期结果	（1）自首次发送 CST 报文起 10s 内充电机按 10ms 的周期发送 CST 报文，报文格式、内容和周期符合 GB/T 27930—2015《电动汽车非车载传导式充电机与电池管理系统之间的通信协议》中 9.3 和 10.3.9 的要求； （2）超过 10s 充电机发送 SPN3927＝01 的 CEM 报文，报文格式、内容和周期符合 GB/T 27930—2015《电动汽车非车载传导式充电机与电池管理系统之间的通信协议》中 9.5 和 10.5.2 的要求
测试数据	（1）超时时间：9.990s 不合格； （2）CST 格式：合格； CST 内容：达到充电机设定条件中止：正常；人工中止：正常；故障中止：正常；BMS 主动中止：BMS 主动中止；充电机过温故障：正常；BMS 充电连接器故障：正常；充电机内部过温：正常；所需电量不能传送：正常；充电机急停：正常；其他故障：正常；电流不匹配：正常；电压异常：正常； CST 周期：收到 CST 报文，平均周期：11；最小间隔：0；最大间隔：65；CST 报文周期合格； （3）CEM 格式：合格； CEM 内容：SPN3927＝01，合格； CEM 周期：只有一条记录，无法计算周期

测试内容	测试含义
测试结论	不合格
故障诊断	接收 BRM 报文：正常；接收 BCP 报文：正常；接收 BRO 报文：正常；接收 BCS 报文：正常；接收 BCL 报文：正常；接收 BST 报文：正常；接收 BSD 报文：超时
测试编号	DN.4003
前置条件	充电机主动中止充电，发送 CST 报文且接收到 BST 报文
测试步骤	测试系统停止发送报文
预期结果	（1）自首次发送 CST 报文起 10s 内充电机按 10ms 的周期发送 CST 报文，报文格式、内容和周期符合 GB/T 27930—2015《电动汽车非车载传导式充电机与电池管理系统之间的通信协议》中 9.3 和 10.3.9 的要求； （2）超过 10s 充电机发送 SPN3927＝01 的 CEM 报文，报文格式、内容和周期符合 GB/T 27930—2015《电动汽车非车载传导式充电机与电池管理系统之间的通信协议》中 9.5 和 10.5.2 的要求
测试数据	（1）超时时间：10.043s 合格； （2）CST 格式：合格； CST 内容：达到充电机设定条件中止：正常；人工中止：人工中止；故障中止：正常；BMS 主动中止：正常；充电机过温故障：正常；BMS 充电连接器故障：正常；充电机内部过温：正常；所需电量不能传送：正常；充电机急停：正常；其他故障：正常；电流不匹配：正常；电压异常：正常； CST 周期：收到 CST 报文，平均周期：11；最小间隔：0；最大间隔：63；CST 报文周期合格； （3）CEM 格式：合格； CEM 内容：SPN3927＝01，合格 CEM 周期：只有一条记录，无法计算周期
测试结论	合格
故障诊断	接收 BRM 报文：正常；接收 BCP 报文：正常；接收 BRO 报文：正常；接收 BCS 报文：正常；接收 BCL 报文：正常；接收 BST 报文：正常；接收 BSD 报文：超时
测试编号	DN.4004
前置条件	充电机主动中止充电，发送 CST 报文且接收到 BST 报文
测试步骤	测试系统按 250ms 的周期发送与 BSD 报文类型定义不符的报文
预期结果	（1）自首次发送 CST 报文起 10s 内充电机按 10ms 的周期发送 CST 报文，报文格式、内容和周期符合 GB/T 27930—2015《电动汽车非车载传导式充电机与电池管理系统之间的通信协议》中 9.3 和 10.3.9 的要求； （2）超过 10s 充电机发送 SPN3927＝01 的 CEM 报文，报文格式、内容和周期符合 GB/T 27930—2015《电动汽车非车载传导式充电机与电池管理系统之间的通信协议》中 9.5 和 10.5.2 的要求

测试内容	测试含义
测试数据	（1）超时时间：10.042s 合格； （2）CST 格式：合格； CST 内容：达到充电机设定条件中止：正常；人工中止：人工中止；故障中止：正常；BMS 主动中止：正常；充电机过温故障：正常；BMS 充电连接器故障：正常；充电机内部过温：正常；所需电量不能传送：正常；充电机急停：正常；其他故障：正常；电流不匹配：正常；电压异常：正常； CST 周期：收到 CST 报文，平均周期：10；最小间隔：0；最大间隔：60；CST 报文周期合格； （3）CEM 格式：合格； CEM 内容：SPN3927＝01，合格； CEM 周期：只有一条记录，无法计算周期
测试结论	合格
故障诊断	接收 BRM 报文：正常；接收 BCP 报文：正常；接收 BRO 报文：正常；接收 BCS 报文：正常；接收 BCL 报文：正常；接收 BST 报文：正常；接收 BSD 报文：超时

　　使用充电兼容性检测分析系统对现场的直流充电桩进行了测试，包括自检测试和异常流程测试中的通信中断测试，以及协议一致性测试等试验项目，经过对测试数据及测试结果分析，达到了理想的实验结果。

第 8 章

现场测试案例分析

8.1 直流充电桩测试案例

自 2016 年以来，充电桩检测人员已基于上述原理设计并制造了一系列充电桩检测设备，包括小功率便携式检测设备、大功率模块化分体式检测设备、车载一体化可移动检测平台等，并开展了大量充电桩检测工作。

充电桩测试人员为确保新建电动汽车充电站各充电桩能正常运行，使用车载一体化可移动检测平台，对某新建电动汽车直流充电站直流充电桩进行了现场测试，具体测试流程如下。

8.1.1 确定试验目的

此次试验对充电桩进行一般检查、安全检查、互操作测试、通信一致性试验等参数进行测试。判断结果是否合格，确保充电桩各项规范已符合国家标准，可以投入运行与使用。

8.1.2 试验依据

GB/T 18487.1—2015《电动汽车传导充电系统　第 1 部分：通用要求》

GB/T 27930—2015《电动汽车非车载传导式充电机与电池管理系统之间的通信协议》

GB/T 34657.1—2017《电动汽车传导充电互操作性测试规范　第 1 部分：供电设备》

GB/T 34658—2017《电动汽车非车载传导式充电机与电池管理系统之间的通信协议一致性测试》

NB/T 33008.1～33008.2—2018《电动汽车充电设备检验试验规范》

Q/GDW 1591—2014《电动汽车非车载充电机检验技术规范》

国家电网营销智用〔2018〕45 号《国网营销部关于印发进一步加强电动汽车充电设备质量评价工作方案的通知》

8.1.3 试验准备

电动汽车充电桩新建，设备调试已完成；电动汽车充电桩已完成检测申请且已审批；充电桩试验前确认设备已完成调试且各线路正常；充电桩试验过程中一般不进行停电工作，试验负责人预先做好安排；充电桩试验中如发现运行异常情况及发生事故，试验人员应按《国家电网公司电力安全工作规程》迅速进行处理，并停止进行试验。

8.1.4 测试系统原理及连接示意图

系统原理及连接示意图如图 3-1 所示，现场试验设备接线如图 8-1 所示。

图 8-1 现场试验设备接线示例

8.1.5 测试项目流程

1. 一般检查

（1）外观检查。目测检查充电机（含充电连接装置）的外壳应平整，无明细凹凸痕、划伤、变形等缺陷；表面涂镀层应均匀，无脱落；零部件（包括连接装置内触头）应紧固可靠，无锈蚀、毛刺、裂纹等缺陷和损伤。

（2）内部检查。检查充电设备进出线孔封堵情况，所有不借助专用工具可拆卸的门盖或外壳的进出线孔应良好封堵，无肉眼可见明显缝隙；检查线缆安装状况，充电设备内部电源进线、出线应布置整齐，并可靠固定，无表皮破损；

充电设备输入输出线缆绝缘无老化、腐蚀和损伤痕迹，端子无过热痕迹，无火花放电痕迹；检查桩内应无异物；检查充电机散热口灰积异物。

（3）电缆管理及储存检查。对于连接方式 C 的供电设备，应为未使用的车辆插头提供一种储存方式；对于连接方式 C，车辆插头应存放在地面上方 0.5～1.5m 处；对于长度超过 7.5m 电缆的连接方式 C 供电设备，应采取相关管理和储存措施，使自由电缆长度在未使用时不超过 7.5m。

（4）标志检查。目测检查充电机铭牌位置和内容应正确、完整；目测检查充电机上接线、接地及安全标志应正确、完整；通过观察并用一块浸透蒸馏水的脱脂棉在约 15s 内擦拭 15 个来回，随后用一块浸透汽油的脱脂棉在约 15s 内擦拭 15 个来回，试验期间应用约 $2N/cm^2$ 的压力降脱脂棉压在标志上，试验后，标志仍应易于辨认。

（5）基本构成检查。打开充电机门，目测检查充电机的基本构成应包括动力电源输入、功率变换单元、输出开关单元、充电电缆和车辆插头、控制电源、充电控制单元、人机交互单元，宜包括有计量等功能单元。

（6）充电模式和连接方式检查。目测检查充电机的充电模式和连接方式应符合 GB/T 18487.1—2015 中 5.1 规定的充电模式 4 和连接方式 C；检查充电机所配置的充电用连接装置应具备符合 GB/T 20234.1 和 GB/T 20234.3 规定的证明材料。

（7）通信功能检查。对于具备与厂家指定的上级监控系统或运营管理系统通信功能的充电机，连接试验系统。在充电过程中，检查充电机应能按照约定的协议要求进行通信。

（8）显示功能试验。具备待机、充电、告警状态指示灯，其中待机为绿色，充电为红色，告警为黄色；对具备手动设定功能的充电机，应显示手动输入信息；对公用型充电机，显示电池当前 SOC、充电电压、充电电流、已充电时间、已充电电量、已充电金额；充电机可显示或借助外部工具显示各状态下的相关信息，显示字符应清晰、完整，无缺损现象，可以不依靠环境光源即可辨认。

（9）输入功能试验。对于具备手动输入功能的充电机，连接试验系统，设置充电机充电参数，检查充电机应能正常进入充电过程并执行设置操作。在充电过程中，模拟启停操作，检查充电机应能正确启动或停止充电。内部检查试验情况见表 8-1。

表 8-1   内部检查试验情况

检测项目	试验结果
内部检查	符合
电缆管理及储存检查	符合
标志检查	符合
基本构成检查	符合
充电模式和连接方式检查	符合
通信功能检查	符合
显示功能检查	符合
输入功能检查	符合

2. 安全检查

（1）防盗保护试验。

检查户外型充电机，应具有防盗措施，如防盗锁和防盗螺钉等，且产品安装说明书中应有相关要求。防盗保护试验情况见表 8-2。

表 8-2   防盗保护试验情况

检测项目	试验结果
防盗保护检查	符合

（2）直接接触防护试验。

通过 IPXXC 试验试具进行试验，将试具推向充电机外壳的任何开口，试验用力（3±0.3）N。如试具能进入一部分或全部进入，应在每一个可能的位置上活动，但挡盘不得穿入开口，且不应触及危险带电部件。直接接触防护试验情况见表 8-3。

表 8-3   直接接触防护试验情况

检测项目	试验结果
直接接触防护检查	符合

（3）接地要求试验。

1）充电机金属壳体应设置接地螺栓，用量规或游标卡尺测量其直径不应小于 6mm，且有接地标志。

2）充电机的门、盖板覆板和类似部件，应采用保护导体将这些部件与充电机主体框架连接，用量规或游标卡尺测量保护导体的截面积不应小于 $2.5mm^2$。

3）通过电桥、接地电阻试验仪或数字式低电阻试验仪测量，充电机内任意应该接地的点至总接地之间的电阻不应大于 0.1Ω，测量点不应少于 3 个。如果测量点涂敷防腐漆，需将防腐漆刮去，露出非绝缘材料后再进行试验，接地端子应有明显的标志。

4）检查充电机内部工作地与保护地应相互独立，应分别直接连接到接地导体（铜排）上，不应在一个接地线中串接多个需要接地的电气装置。接地要求与试验情况见表 8-4。

表 8-4 接 地 要 求 与 试 验 情 况

检测项目	试验结果
接地螺栓	符合
保护导体	符合
工作接地与保护接地是否独立	是
接地电阻最大值（mΩ）	31

（4）急停功能试验。

1）检查充电机应安装急停装置，且具备防止误操作的防护措施。

2）对于一体式充电机，将充电机连接试验系统，在充电过程中，模拟启动急停装置，检查应能同时切断充电机的动力电源输入和直流输出。

3）对于分体式充电机，将充电机连接试验系统，在充电过程中，模拟启动急停装置，检查应能切断相应充电终端的直流输出。急停试验情况见表 8-5。

表 8-5 急 停 试 验 情 况

检测项目	试验结果
是否有防误操作措施	是
动力电源输入是否切断	是
直流输出是否切断	是

（5）绝缘电阻试验。

绝缘耐压试验时，试验导线分别接 DC＋、PE 和 DC－、PE 两组进行试验，试验结果大于 10MΩ。绝缘电阻试验数据见表 8-6。

表 8-6   绝缘电阻试验数据

检测项目	绝缘电阻（MΩ）	是否符合
DC＋、PE	∞	符合
DC－、PE	∞	符合

（6）开门保护试验。

1）在充电前，打开充电机门，检查充电机应无法启动充电。

2）对于一体式充电机，在充电过程中，模拟门打开，检查充电机应同时切断动力电源输入和直流输出。

3）对于分体式充电机，在充电过程中，模拟门打开，检查充电机应切断相应部分的电源输入或输出。开门保护试验情况见表 8-7。

表 8-7   开门保护试验情况

检测项目	试验结果
充电前开门是否可以启动充电	否
充电中开门动力电源输入是否切断	是
充电中开门直流输出是否切断	是

（7）控制导引电压限制试验。

车辆接口完全连接后，通过调整车辆控制器模拟盒内等效电阻 R_4，使检测点 1 的电压值在标称值误差范围外 [（0V，3.2V）或（4.8V，＋∞）]，充电机应不允许充电或停止充电。检测点 1 的电压值在标称值误差范围内（3.2～4.8V）时充电机应允许充电或正常充电。控制导引电压限值（充电前）试验数据见表 8-8。

表 8-8   控制导引电压限值（充电前）试验数据

序号	检测点 1 电压（V）	可否充电
1	＜3.20	否
2	3.20～4.80	可
3	＞4.80	否

控制导引电压限值（充电中）试验数据见表 8-9。

表 8-9   控制导引电压限值（充电中）试验数据

序号	检测点 1 电压（V）	是否停止充电
1	<3.20	是
2	3.20～4.80	否
3	>4.80	是

（8）充电插头锁止功能测试。

1）通过检查检测点 1 电压值，并施加符合 GB/T 20234.1—2015 6.3.2 规定的拔出外力，检查机械锁止装置的有效性。

2）通过检查电子锁反馈信号变化和机械锁是否能操作，检查电子锁止装置对机械锁止装置的联锁效果。当电子锁未可靠锁止时，检查充电机应不允许充电。在整个充电过程中（包括绝缘自检），检查充电机电子锁止应可靠锁止，不允许带电解锁且不应由人手直接操作解锁。

3）模拟故障不能继续充电，以及充电完成时，检查在解除电子锁时车辆接口电压应降至 60V DC 以下。

4）检查电子锁装置应具备应急解锁功能。

充电插头锁止功能试验数据见表 8-10。

表 8-10   充电插头锁止功能试验数据

序号	检测项目	试验结果
1	锁止装置有效性是否符合要求	是
2	电子锁反馈信号变化和机械锁是否能操作	是
3	解除电子锁时车辆接口电压应降至 60V 以下	是
4	是否具备应急解锁功能	是

（9）保护接地连续性试验。

充电机应在 100ms 内断开 K1 和 K2，且电子锁解锁时车辆接口电压不应超过 60V DC。保护接地连续性试验数据见表 8-11。

表 8-11   保护接地连续性试验数据

K1、K2 断开用时（ms）	车辆接口解锁电压（V）	是否符合
23	8	符合

（10）连接检测信号断开试验。

充电机应在 100 ms 内断开 K1 和 K2，且电子锁解锁时车辆接口电压不应超过 60V DC。连接检测信号断开试验数据见表 8-12。

表 8-12 连接检测信号断开试验数据

K1、K2 断开用时（ms）	车辆接口解锁电压（V）	是否符合
28	12	符合

（11）绝缘异常试验。

充电直流回路 DC＋、PE 之间的绝缘电阻，与 DC－、PE 之间的绝缘电阻（两者取小值 R），当 R＞500Ω/V 视为安全；100Ω/V＜R≤500Ω/V 时，宜进行绝缘异常报警，但仍可正常充电；R≤100Ω/V 视为绝缘故障，应停止充电。绝缘异常试验数据见表 8-13。

表 8-13 绝缘异常试验数据

绝缘电阻（kΩ）	启动情况	是否符合
30	不可启动	
100	报警启动	符合
300	正常启动	

3．互操作性测试

（1）掉电保存功能试验。

将充电机连接试验系统，在充电过程中，模拟交流输入失电，然后重新上电，检查充电机应能保存失电前的充电电能计量、故障异常报警、充电交易记录等信息，并应能将数据信息上传至上级监控管理系统。掉电保存功能试验情况见表 8-14。

表 8-14 掉电保存功能试验情况

检测项目	试验结果
掉电保存功能试验	符合

（2）供电电压消失试验。

将充电机连接试验系统，在充电过程中，模拟交流供电停电，检查充电机应能在 1s 内将车辆接口电压降至 60V DC 以下；保持充电用连接装置处于完全连接状态，恢复对充电机的交流供电，检查充电机应不能继续本次充电，且不能发送停电前的充电阶段报文。供电电压消失试验数据见表 8-15。

表 8-15 供电电压消失试验数据

下降时间（ms）	恢复供电是否继续充电	是否发送停电前充电报文	是否符合
65	否	否	是

（3）通信中断试验。

在充电过程中，非车载充电机控制装置如发生通信超时，则非车载充电机停止充电，应在 10s 内断开 K1、K2、K5、K6。非车载充电机控制装置发生 3 次通信超时即确认通信中断，则非车载充电机停止充电，应在 10s 内断开 K1、K2、K3、K4、K5、K6。充电机发送错误报文中的超时报文类型应符合实际动作情况，且有告警提示。当重新连接（握手辨识阶段）且与车辆匹配成功后，充电机应能正确进入充电阶段。通信中断后，达到解锁条件，车辆插头电子锁应能正确解锁。通信中断后，当充电机再次充电时，应重新插拔充电连接装置。通信中断试验数据见表 8-16。

表 8-16 通信中断试验数据

K1、K2、K3、K4、K5、K6 断开时间	是否进行三次握手辨识阶段的连接后恢复连接	通信中断达到解锁条件后是否正确解锁	通信中断后再次充电是否需重新插拔充电连接装置
4.11	是	是	是

（4）充电控制功能试验。

充电机连接试验系统，检查充电机应能根据车辆电池管理系统模拟软件提供的数据动态调整充电输出，并根据情况执行相应动作，控制充电过程且自动完成充电。对于具备手动充电控制功能的充电机，连接试验系统，在没有连接上层监控管理系统和车辆的情况下，检查充电机应由手动设定充电参数，并实施充电启停操作，完成充电过程。充电控制功能试验情况见表 8-17。

表 8-17 充电控制功能试验情况

检测项目	试验结果
充电控制功能试验	符合

（5）连接确认测试。

状态 0：未插枪；CC1＝6V，未连接状态；

状态 1：按下 S 按钮；CC1＝12V，未连接状态；

状态 2：插枪 保持 S 断；CC1＝6V，未连接状态；

状态 3：插枪 松开 S；CC1＝4V，完全连接状态。

电子锁锁止状态：应锁止/未锁止。连接确认判断标准见表 8-18。

表 8-18　　　　　　　　连 接 确 认 判 断 标 准

状态	充电接口状态	S 状态	可否充电	检测点 1 电压（V）		
				标称值	最大值	最小值
状态 0（初始）	断开	闭合	否	6.00	6.80	5.20
状态 1	断开	断开	否	12.00	12.80	11.20
状态 2	连接中	断开	否	6.00	6.80	5.20
状态 3	完全连接	闭合	可	4.00	4.80	3.20

连接确认检测点 1 电压数据见表 8-19。

表 8-19　　　　　　　连接确认检测点 1 电压数据

序号	检测状态	检测点 1 电压值（V）
1	状态 0	6.02
2	状态 1	11.88
3	状态 2	6.08
4	状态 3	3.82

连接确认试验可否充电情况见表 8-20。

表 8-20　　　　　　　连接确认试验可否充电情况

序号	检测状态	可否充电
1	状态 0	否
2	状态 1	否
3	状态 2	否
4	状态 3	可

（6）自检阶段测试。

绝缘检测开始前，电池端电压（K1 和 K2 外侧电压）＜10V；车辆接口完全连接后，闭合 K3 和 K4，使低压辅助供电回路导通闭合 K1 和 K2，进行绝缘检测，绝缘检测时的输出电压应为车辆通信握手报文内的最高允许充电总电压和供电设备额定电压中的较小值；绝缘检测完成后，将 IMD（绝缘检测）以物理方式从强电回路中分离，并投入泄放回路对充电输出电压进行泄放，非车载充电机完成自检后断开 K1 和 K2，同时开始周期发送通信握手报文。自检阶段试验情况见表 8-21。

表 8-21 自 检 阶 段 试 验 情 况

序号	检测项目	试验结果
1	绝缘检测开始前电池端电压＜10V	符合
2	绝缘自检电压	符合
3	自检完成后泄放流程	符合

（7）充电准备就绪测试。

车辆端电池电压与通信报文电池电压误差范围不大于±5%。充电准备就绪试验数据见表 8-22。

表 8-22 充电准备就绪试验数据

车辆端电池电压 （V）	报文电池电压 （V）	控制误差 （%）	K1、K2 状态	是否符合
300.7	300.0	0.23	闭合	符合

（8）充电阶段测试。

$\Delta I \leqslant 20A$ 时，用时在 1000ms 内合格；$\Delta I > 20A$ 时，速率大于 20A/s。充电阶段试验数据见表 8-23。

表 8-23 充 电 阶 段 试 验 数 据

起始输出电流（A）	最终输出电流（A）	变化时间（ms）	是否符合
50.2	19.9	230	符合

（9）正常充电结束测试。

充电机停止充电以不小于 100A/s 的速率减小充电电流至 5A 以下。正常充电结束试验电流下降速率数据见表 8-24。

表 8-24 正常充电结束试验电流下降速率数据

起始输出电流（A）	降至 5A 用时（ms）	电流下降速率（A/s）	是否符合
60.0	276	217	符合

（10）充电连接控制时序测试。

充电机连接负载，在充电机启动握手、参数配置、正常充电及充电结束等阶段，对检测点 1、A＋A－、K1K2 前端电压及输出电流等 4 项参数的波形进行监测记录，将结果与 GB/T 18487.1—2015 中图 8-2 进行对比分析，判断其是否符合标准要求。

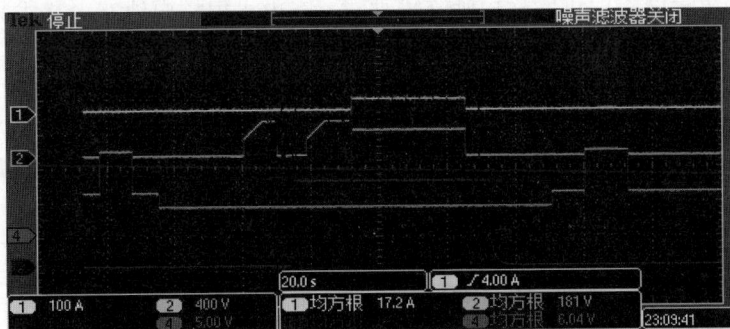

图 8-2　充电连接控制时序图

（11）预充电功能试验。

启动充电阶段，在 K5 和 K6 闭合前，模拟正常的车辆端电池电压，闭合 K5 和 K6，检查充电机应在检测到正常的车辆端电池电压后，将 K1 和 K2 内侧输出电压调整到当前电池电压减去 1～10 V，再闭合 K1 和 K2。预充电功能试验情况见表 8-25。

表 8-25　　　　　　　　　　　预充电功能试验情况

检测项目	试验结果
预充电功能试验	符合

4. 通信协议一致性试验

（1）充电辨识阶段。

当充电机和 BMS（电池管理系统）物理连接完成并上电后，开启低压辅助电源，进入握手启动阶段发送握手报文，再进行绝缘监测。绝缘监测结束后进入充电辨识阶段，双方发送辨识报文，确定电池和充电机的必要信息。

试验例编号 DP1001-DP1003；DN1001-DN1004 须符合规范要求。

（2）充电参数配置阶段。

充电辨识阶段完成后，充电机和 BMS 进入充电参数配置阶段。此阶段，充电机向 BMS 发送充电机最大输出能力的报文，BMS 根据充电最大输出能力判断是否能够进行充电。

试验例编号 DP2001-DP2003；DN2001-DN2010 须符合规范要求。

（3）充电阶段。

充电参数配置阶段完成后，充电机和 BMS 进入充电阶段。在整个充电阶段，BMS 实时向充电机发送电池充电要求，充电机根据电池充电需求来调整充电电压和充电电流以保证充电过程正常进行。在充电过程中，充电机和 BMS 相互发送各自的充电状态。

试验例编号 DP3001-DP3007；DN3001-DN3010 须符合规范要求。

（4）充电结束阶段。

当充电机和 BMS 停止充电后，双方进入充电结束阶段。试验例编号 DP4001、DP4002；DN4001-DN4004 须符合规范要求。通信协议一致性试验结果见表 8-26。

表 8-26　　　　　　　　　　通信协议一致性试验结果

检测项目		试验结果
低压辅助上电及充电握手阶段试验	DP1001	符合
	DP1002	符合
	DP1003	符合
	DN1001	符合
	DN1002	符合
	DN1003	符合
	DN1004	符合
充电参数配置阶段	DP2001	符合
	DP2002	符合
	DP2003	符合
	DN2001	符合
	DN2002	符合
	DN2003	符合
	DN2004	符合
	DN2005	符合
	DN2006	符合

续表

检测项目		试验结果
充电参数配置阶段	DN2007	符合
	DN2008	符合
	DN2009	符合
	DN2010	符合
充电阶段	DP3001	符合
	DP3002	符合
	DP3003	符合
	DP3004	符合
	DP3005	符合
	DP3006	符合
	DP3007	符合
	DN3001	符合
	DN3002	符合
	DN3003	符合
	DN3004	符合
	DN3005	符合
	DN3006	符合
	DN3007	符合
	DN3008	符合
	DN3009	符合
	DN3010	符合
充电结束阶段	DP4001	符合
	DP4002	符合
	DN4001	符合
	DN4002	符合
	DN4003	符合
	DN4004	符合

8.1.6 竣工验收

试验完成后，断开试验电源接线，拆除所有试验接线。清点工具、仪器、

117

试验接线，清理现场。现场负责人确认试验完工，以及现场已清理干净且恢复原状，需要时办理资料移交。试验现场竣工示例如图 8-3 所示。

图 8-3　试验现场竣工示例

8.2　交流充电桩测试案例

基于交流充电桩原理，充电桩测试人员设计制造了便携式交流充电桩测试设备，并开展交流充电桩互操作性及绝缘测试，确保新建电动汽车充电站各交流充电桩正常运行，测试流程介绍如下。

8.2.1　确定试验目的

此次试验对充电桩进行互操作测试、绝缘测试。判断结果是否合格，确保充电桩各项规范已符合国家标准，可以投入运行与使用。

8.2.2　试验依据

GB/T 18487.1—2015《电动汽车传导充电系统　第 1 部分：通用要求》

GB/T 20234.1—2015《电动汽车传导充电用连接装置　第 1 部分：通用要求》

GB T 20234.2—2015《电动汽车传导充电用连接装置　第 2 部分：交流充电接口》

GB/T 34657.1—2017《电动汽车传导充电互操作性测试规范　第 1 部分：供电设备》

8.2.3　试验准备

电动汽车充电桩新建及设备调试已完成；电动汽车充电桩已完成检测申请

且已审批；充电桩试验前确认设备已完成调试且各线路正常；充电桩试验过程中一般不进行停电工作，试验负责人预先做好安排；充电桩试验中如发现运行异常情况及发生事故，试验人员应按《国家电网公司电力安全工作规程》迅速进行处理，并停止进行试验。

8.2.4　试验设备及设备接线图

本套便携式交流充电桩测试设备可实现 8kW 以下单相交流充电桩的所有检测项目，整个检测过程符合 GB/T 34657.1—2017《电动汽车传导充电互操作性测试规范　第 1 部分：供电设备》标准要求。现场主要试验设备面板如图 8-4 所示、现场试验设备主线连接如图 8-5 所示。

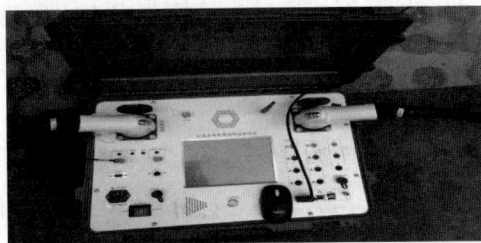

图 8-4　现场主要试验设备面板示例

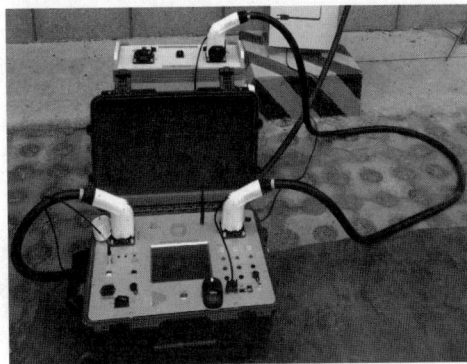

图 8-5　现场试验设备主线连接示例

8.2.5　测试项目流程

1. 互操作性测试

试验现场互操作性测试如图 8-6 所示。

图 8-6　进行中的试验现场互操作性测试

（1）连接确认测试。

测试目的：检查充电桩是否能通过测量检测点 1 或检测点 4 的电压值来判断供电插头与供电插座的连接状态，并进入对应的充电状态。

1）检测点 1 测试。

a. 模拟具备开关 S2 的车辆，进行如下测试：

状态 1：充电连接装置未连接，将充电桩上电，检查该阶段检测点 1 的电压值、连接状态、充电状态。

状态 2：充电连接装置连接，检查该阶段检测点 1 的电压值、连接状态、充电状态。

状态 2′：充电连接装置完全连接，启动充电，检查该阶段检测点 1 的电压值、PWM 信号、连接状态、充电状态。

对于充电电流大于 16A 且采用连接方式 A 或连接方式 B 的充电桩，检查该阶段供电接口锁止状态。

b. 模拟不配置开关 S2（或开关 S2 为动断状态）的车辆，进行如下测试：

状态 1：充电连接装置未连接，将充电桩上电后，检查该阶段检测点 1 的电压值、连接状态、充电状态。

状态 3：充电连接装置连接，检查该阶段检测点 1 的电压值、连接状态、充电状态。

对于充电电流大于 16A 且采用连接方式 A 或连接方式 B 的充电桩，检查该阶段供电接口锁止状态。

2）检测点 4 测试：只对充电连接方式 B 进行。

状态 1：充电连接装置未连接，将充电桩上电，检查该阶段检测点 4 的电压值、连接状态、充电状态。

状态 2：充电连接装置连接，检查该阶段检测点 4 的电压值、连接状态、充电状态。

状态 2′：充电连接装置完全连接，启动充电，检查该阶段检测点 4 的电压值、连接状态、充电状态。

对于充电电流大于 16A 的充电桩，检查该阶段供电接口锁止状态。连接确认测试数据见表 8-27。

表 8-27 连接确认测试数据

状态	模拟具备开关 S2 的车辆						模拟不具备开关 S2 的车辆			
	状态 1	状态 1′	状态 2	状态 2′	状态 3	状态 3′	状态 1	状态 1′	状态 3	状态 3′
检测点 1 电压值（V）	12.1	12.2 / −11.9	8.96	8.87 / −11.9	6.02	5.96 / −11.88	11.95	11.9 / −12.1	6.13	6.15 / −11.8
PWM 信号频率（Hz）	—	1000	—	1000	—	1000	—	1000	—	1000
上升时间（μs）	—	8	—	6	—	3	—	5	—	4
下降时间（μs）	—	6	—	9	—	8	—	8	—	10

（2）充电准备就绪测试。

测试目的：检查充电桩在检测到车辆准备就绪时是否能启动充电。

1）模拟具备开关 S2 的车辆，进行如下测试。

状态 2′转状态 3′：模拟闭合开关 S2，检查该阶段检测点 1 的电压值、PWM 信号、充电状态。

对于充电电流大于 16A 且采用连接方式 A 或连接方式 B 的充电桩，检查该阶段供电接口锁止状态。

2）模拟不配置开关 S2（或开关 S2 为动断状态）的车辆，进行如下测试。

状态 3 转状态 3′：充电连接装置完全连接，启动充电，检查该阶段检测点 1 的电压值、PWM 信号、连接状态、充电状态。

对于充电电流大于 16A 且采用连接方式 A 或连接方式 B 的充电桩，检查该阶段供电接口锁止状态。充电准备就绪测试数据见表 8-28。

表 8-28　　　　　　　　　充电准备就绪测试数据

测试项目	模拟具备开关 S2 的车辆	模拟不具备开关 S2 的车辆
检测点 1 峰值电压（V）	6.03	5.99
K1、K2 状态	闭合	闭合

（3）启动和充电阶段测试。

测试目的：在充电过程中，检查充电桩是否能通过 PWM 信号占空比，并告知其最大可供电能力。

状态 3′：在正常充电过程中，检查该阶段检测点 1 的 PWM 信号、充电状态。

对于具备可调节占空比功能的充电桩，分别设置输出占空比在 5% 和 10% 时其最大供电电流对应的占空比，调整负载，检查该阶段充电状态。

对于不可调节占空比功能的充电桩，设置输出占空比在其最大供电电流对应的占空比，调整负载，检查该阶段充电状态。

对于充电电流大于 16A 且采用连接方式 A 或连接方式 B 的充电桩，检查该阶段供电接口锁止状态。启动和充电阶段测试数据见表 8-29。

表 8-29　　　　　　　　　启动和充电阶段测试数据

序号	状态	测试结果	是否符合
1	信号占空比	0.9	是
2	频率信息	1000	是
3	上升时间（μs）	7	是
4	下降时间（μs）	8.6	是
5	充电状态	正在充电	是
6	最大输出能力（A）	32A	是

（4）正常充电结束测试。

测试目的：检查充电桩在满足充电结束条件或收到车辆停止充电指令时，

是否正常充电结束。

1）主动中止充电。

状态 3′：在正常充电过程中，模拟充电桩达到设定的充电终止条件，并分别模拟在 3s 内（含）和超过 3s 断开开关 S2，检查该阶段检测点 1 的电压值、PWM 信号、充电状态。

对于充电电流大于 16A 且采用连接方式 A 或连接方式 B 的充电桩，检查该阶段供电接口锁止状态。

2）被动中止充电。

状态 3′：在正常充电过程中，模拟将充电电流减小至最低（<1A），然后断开开关 S2，检查该阶段检测点 1 的电压值、PWM 信号、充电状态。

对于充电电流大于 16A 且采用连接方式 A 或连接方式 B 的充电桩，检查该阶段供电接口锁止状态。正常充电结束测试数据见表 8-30。

表 8-30　　　　　　　　　　　正常充电结束测试数据

序号	状态	主动中止		被动中止		是否符合
		3s 内断开 S2	超 3s 断开 S2			
1	+12V 连接状态（开关 S1）	连接	连接	连接	连接	是
2	K1、K2 断开时间（ms）	25	3218	30	28	是

（5）充电连接控制时序测试。

测试目的：检查充电桩充电连接控制过程和间隔时间是否满足要求。

利用车辆控制器模拟盒与被测充电桩进行通信，模拟充电接口连接状态、电池等，检查充电连接控制过程中检测点 1 的电压值、PWM 信号、充电状态、供电接口锁止状态（对于充电电流大于 16A 且采用连接方式 A 或连接方式 B）、充电状态转换的间隔时间。充电连接控制时序图如图 8-7 所示。

（6）CC 断线测试。

测试目的：在充电前和充电中，分别检查充电桩在供电接口 CC 断线时，是否能停止充电。

状态 2′：模拟断开供电接口 CC 线，检查该阶段检测点 1 的电压值、PWM 信号、充电状态，对于充电电流大于 16A 的充电桩，检查该阶段供电接口锁止状态。

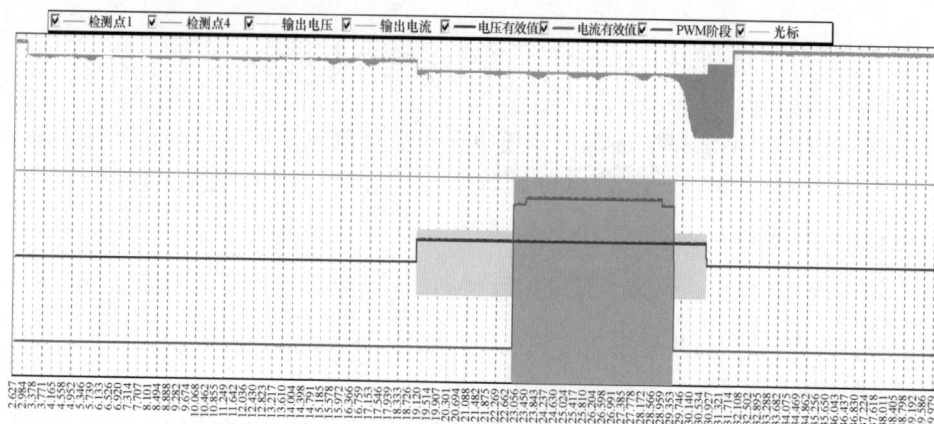

图 8-7　充电连接控制时序图

状态 3′：在正常充电过程中，模拟断开供电接口 CC 线，检查该阶段检测点 1 的电压值、PWM 信号、充电状态，对于充电电流大于 16A 的充电桩，检查该阶段供电接口锁止状态。充电前和充电中 CC 断线测试数据见表 8-31 和表 8-32。

表 8-31　　　　　　　　　　充电前 CC 断线测试数据

测试项目	充电前 CC 断线
开关 S1 状态切换时间（ms）	50
交流供电回路状态	不闭合

表 8-32　　　　　　　　　　充电中 CC 断线测试数据

测试项目	充电中 CC 断线
+12V 连接状态（开关 S1）	连接
断开供电回路时间（ms）	25

（7）CP 断线测试。

测试目的：在充电前和充电中，分别检查充电桩在 CP 断线时，是否能停止充电。

状态 2′：模拟断开供电接口（连接方式 A）或车辆接口（连接方式 B 或连接方式 C）CP 线，检查该阶段检测点 1 的电压值、PWM 信号、充电状态。对于充电电流大于 16A 且采用连接方式 A 或连接方式 B 的充电桩，检查该阶段供电接口锁止状态。

状态 3′：在正常充电过程中，模拟断开供电接口（连接方式 A）或车辆接口（连接方式 B 或连接方式 C）CP 线，检查该阶段检测点 1 的电压值、PWM 信号、充电状态。对于充电电流大于 16A 且采用连接方式 A 或连接方式 B 的充电桩，检查该阶段供电接口锁止状态。充电前和充电中 CP 断线测试数据见表 8-33 和表 8-34。

表 8-33　　　　　　　　　　　充电前 CP 断线测试数据

测试项目	充电前 CP 断线
开关 S1 状态切换时间（ms）	65
交流供电回路状态	不闭合

表 8-34　　　　　　　　　　　充电中 CP 断线测试数据

测试项目	充电中 CP 断线
断开供电回路时（ms）	30

（8）CP 接地测试。

测试目的：在充电前和充电中，分别检查充电桩在 CP 接地时，是否能停止充电。

状态 2′：利用 120Ω 电阻将供电接口（连接方式 A）或车辆接口（连接方式 B 或连接方式 C）CP 线接地，检查该阶段检测点 1 的电压值、PWM 信号、K1 和 K2 状态、充电状态。对于充电电流大于 16A 且采用连接方式 A 或连接方式 B 的充电桩，检查该阶段供电接口锁止状态。

状态 3′：在正常充电过程中，利用 120Ω 电阻将供电接口（连接方式 A）或车辆接口（连接方式 B 或连接方式 C）CP 线接地，检查该阶段检测点 1 的电压值、PWM 信号、K1 和 K2 状态、充电状态。对于充电电流大于 16A 且采用连接方式 A 或连接方式 B 的充电桩，检查该阶段供电接口锁止状态。充电前和充电中 CP 接地故障测试数据见表 8-35 和表 8-36。

表 8-35　　　　　　　　　　　充电前 CP 接地故障测试数据

测试项目	充电前 CP 断线
开关 S1 状态切换时间（ms）	55
交流供电回路状态	不闭合

表 8-36　　　　　　　　充电中 CP 接地故障测试数据

测试项目	充电中 CP 断线
输出电源断开时（ms）	33

（9）保护接地导体连续性丢失测试。

测试目的：在充电过程中，检查充电桩在失去保护接地导体电气连续性时，是否能停止充电。

状态 3′：在正常充电过程中，模拟断开供电接口（连接方式 A）或车辆接口（连接方式 B 或连接方式 C）PE 线，检查该阶段检测点 1 的电压值、PWM 信号、充电状态。

对于充电电流大于 16A 且采用连接方式 A 或连接方式 B 的充电桩，检查该阶段供电接口锁止状态。保护接地导体连续性丢失测试数据见表 8-37。

表 8-37　　　　　　　保护接地导体连续性丢失测试数据

测试项目	保护接地导体连续性丢失测试
输出电源断开时（ms）	33

（10）输出过流测试。

测试要求：在充电过程中，检查充电桩在输出过流时，是否能停止充电。

状态 3′：在正常充电过程中，根据充电桩提供的最大供电电流能力，选择进行如下测试：

当充电桩输出的 PWM 信号对应的最大供电电流不大于 20A 时，模拟充电电流超过充电桩最大供电电流＋2A，并保持 5s，检查该阶段检测点 1 的 PWM 信号、充电状态。

当充电桩输出的 PWM 信号对应的最大供电电流大于 20A 时，模拟充电电流超过充电桩最大供电电流的 1.1 倍，并保持 5s，检查该阶段检测点 1 的 PWM 信号、充电状态、供电接口锁止状态。输出过流测试数据见表 8-38。

表 8-38　　　　　　　　　　输出过流测试数据

测试项目	输出过流测试
输出电源断开时间（s）	2.63
＋12V 连接状态（开关 S1）	连接

（11）断开开关 S2 测试。

测试目的：在充电过程中，检查充电桩在开关 S2 断开时，是否能停止充电。

状态 3′：在正常充电过程中，模拟断开开关 S2（状态 2′），检查该阶段检测点 1 的 PWM 信号、充电状态。对于充电电流大于 16A 且采用连接方式 A 或连接方式 B 的充电桩，检查该阶段供电接口锁止状态。

保持充电连接装置完全连接（状态 2′），在 PWM 持续输出时间内重新闭合开关 S2，检查该阶段充电状态；对于充电电流大于 16A 且采用连接方式 A 或连接方式 B 的充电桩，检查该阶段供电接口锁止状态。模拟断开开关 S2 测试数据见表 8-39。

表 8-39 模拟断开开关 S2 测试数据

测试项目	模拟断开开关 S2 测试
断开供电回路时（ms）	58
PWM 信号状态	持续输出

PWM 持续输出时间内重新闭合开关 S2 的测试数据见表 8-40。

表 8-40 PWM 持续输出时间内重新闭合开关 S2 测试数据

测试项目	PWM 持续输出时间内重新闭合开关 S2 测试
交流供电回路状态	导通

（12）CP 回路电压限值测试。

测试目的：检查充电桩对检测点 1 的电压值的判断和响应是否正确。

1）限值内测试。

状态 2：通过调整车辆控制器模拟盒内等效电阻 R_3，使检测点 1 的正电压值在标称值误差范围（即 [8.37V，9.59V]）内，启动充电，检查该阶段检测点 1 的 PWM 信号、连接状态、充电状态。

状态 3′：在正常充电过程中，通过调整车辆控制器模拟盒内等效电阻 R_2 和 R_3，使检测点 1 的正电压值在标称值误差范围（即 [5.47V，6.53V]）内，检查该阶段检测点 1 的 PWM 信号、充电状态。

2）超限值测试。

状态 2′：通过调整车辆控制器模拟盒内等效电阻 R_3，使检测点 1 的正电压值超过标称值误差范围［即（0V，8.2V）或（9.8V，＋∞）］，启动充电，检查该阶段检测点 1 的 PWM 信号、连接状态、充电状态。

状态 3′：在正常充电过程中，通过调整车辆控制器模拟盒内等效电阻 R_2 和 R_3，使检测点 1 的正电压值超过标称值误差范围［即（0V，5.2V）或（6.8V，＋∞）］，检查该阶段检测点 1 的 PWM 信号、充电状态。

3）车端电阻最值测试。

状态 1：将车辆控制器模拟盒内等效电阻 R_2 和 R_3 分别设置在 GB/T 18487.1—2015《电动汽车传导充电系统　第 1 部分：通用要求》中表 A.5 规定的最大值和最小值，连接被测充电桩，启动充电，检查该阶段检测点 1 的 PWM 信号、连接状态、充电状态。被测充电桩准备就绪后，模拟闭合开关 S2，检查该阶段检测点 1 的 PWM 信号、连接状态、充电状态。CP 回路电压限值测试数据见表 8-41。

表 8-41　　　　　　　　　　　CP 回路电压限值测试数据

测试项目		充电状态
限值内测试	充电前	允许
	充电中	允许
超限值测试	充电前	不允许
	充电中	不允许
车端电阻最值测试	最大值	不允许
	最小值	不允许

2. 绝缘电阻测试

进行充电桩的绝缘电阻测试时，绝缘电阻表的电压应施加到在工作中不连接的线路之间，待读数稳定后再读取绝缘电阻表的指示值。绝缘电阻测试数据见表 8-42。

表 8-42　　　　　　　　　　　绝缘电阻测试数据

试验内容	绝缘电阻（MΩ）	是否符合
试验电压 1000V，时间 10s，电阻下限 10MΩ	338	是

8.2.6　竣工验收

试验完成后，断开试验电源接线，拆除所有试验接线。清点工具、仪器、试验接线，清理现场。现场负责人确认试验完工，以及现场已清理干净且恢复原状，需要时办理资料移交。试验现场竣工示例如图 8-8 所示。

图 8-8　试验现场竣工示例

第 9 章

常见故障诊断分析

随着充电设备检测技术的日趋成熟，怎样提高新建充电设备的入网检测效率和已投运充电设备的运行稳定性显得尤为重要。充电设备非正常状态的故障诊断需要技术人员丰富的检测经验和综合研判才能准确快速地查找问题原因。现依托非车载充电机现场检测系统的成熟经验就以下两个方面进行充电设备故障的诊断分析。

9.1　充电设备电气故障诊断分析

9.1.1　故障诊断例 1

1. 应用场景

某城市充电站 120kW 分体充电桩车辆接口断开测试。

2. 故障现象

某 120kW 分体充电桩在完成车辆接口断开测试后，发现充电桩柜内冒烟的故障，现场人员立即按下急停开关紧急断电，查找故障原因。

3. 故障分析

现场紧急断电后，经检查充电桩柜内发现两只泄放电阻故障，其余电器元件正常。

充电桩每次充电启动前都要进行绝缘检测，根据国标 GB/T 18487.1—2015 《电动汽车传导充电系统　第 1 部分：通用要求》中相关条文规定，充电桩需具备在一定条件下将直流输出电压在 1s 内下降至 60V 以下的功能，此即为泄放电阻的作用。

整个检测过程如下：

充电桩与 BMS 通信正常，当充电桩完成绝缘自检过程后断开 K1、K2，测试系统闭合车辆模拟控制器端 K5、K6，此时充电桩检测到车辆端模拟电池电压正常后闭合 K1、K2，使直流供电回路导通。当充电桩输出电压达到需求电压后，可编程直流负载加载工作，达到 BMS 电流需求后，此时检测人员通过测试系统模拟车辆接口断开，至此完成该项检测工作。

在整个车辆接口断开测试过程中，充电桩柜内开关元件有正常动作声音，车辆接口断开测试后，在没有进行任何操作的情况下闻到异味，柜内泄放电阻故障，如图 9-1 所示。

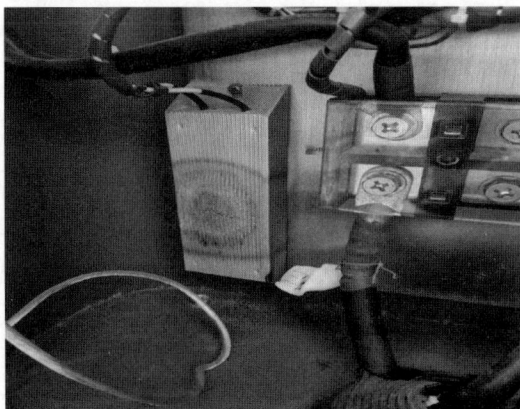

图 9-1　充电桩柜内部分电器元件图

经过检测人员分析原因如下：

（1）瞬间过电压干扰了监控单元与充电机模块的通信，导致充电机未能及时接收到关机命令，此时泄放接触器动作，直接导致泄放电阻一端和正母线导通，另一端和负母线导通，泄放电阻长时间带电烧坏。泄放回路原理如图 9-2 所示。

泄放回路接触器工作原理为充电机模块关机，直流输出接触器 K1、K2 断开后，泄放回路接触器投切开关闭

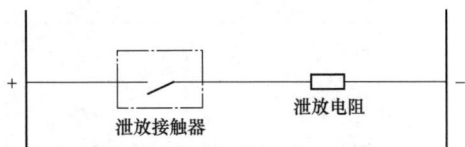

图 9-2　泄放回路部分电路图

合，把供电回路电容存储的剩余电能转化为热能释放以此泄放回路工作完成。

（2）充电控制器的 input（直流输出接触器状态）和 CAN 口（与车辆 BMS 通信 CAN 口）对应功能在 CPU 芯片中损坏；input 和 CAN 口均有光耦隔离，光耦耐压大于 2500V；由损坏器件本身可初步判断现场发生故障时有较高瞬时异常电压产生。

4. 故障原因

通过以上故障分析，判断是瞬间过电压干扰了监控单元与非车载充电机模块的通信，导致充电机未能及时接受命令，泄放回路电阻长时间带电烧毁，以此导致泄放回路故障。确定造成缺陷的原因是充电设备厂家监控单元与非车载充电机模块的通信存在兼容性问题。

9.1.2 故障诊断例 2

1. 应用场景

某高速服务区 120kW 分体充电桩充电阶段测试。

2. 故障现象

某 120kW 分体充电桩在进入充电阶段测试后，未能按照 BMS 实际电流需求输出。

3. 故障分析

充电配置阶段完成后，测试流程进入充电阶段，测试系统 BMS 以 50ms 的周期实时向充电桩发送电池充电需求，充电桩根据电池充电需求实时调整充电电压和充电电流，以保证充电过程正常运行，检测人员通过测试系统及录波仪传回数据发现，充电桩未按照电池充电需求输出，具体情况如图 9-3、图 9-4 所示。

1755	接收	09:49:46:220	CCS	1812F456	1D 0B 3C 0E 00 00 FD	电压输出值:284.5V, 电流输出值:-35.6A;累计充电时间:0min;充电许可:允许
1756	发送	09:49:46:225	BCL	181056F4	5C 12 AC 0D 01	电压需求:470.0V, 电流需求:50.0A;充电模式:恒压模式
1757	接收	09:49:46:271	CCS	1812F456	1D 0B 3C 0E 00 00 FD	电压输出值:284.5V, 电流输出值:-35.6A;累计充电时间:0min;充电许可:允许

图 9-3 未按照 BMS 充电需求输出报文截图

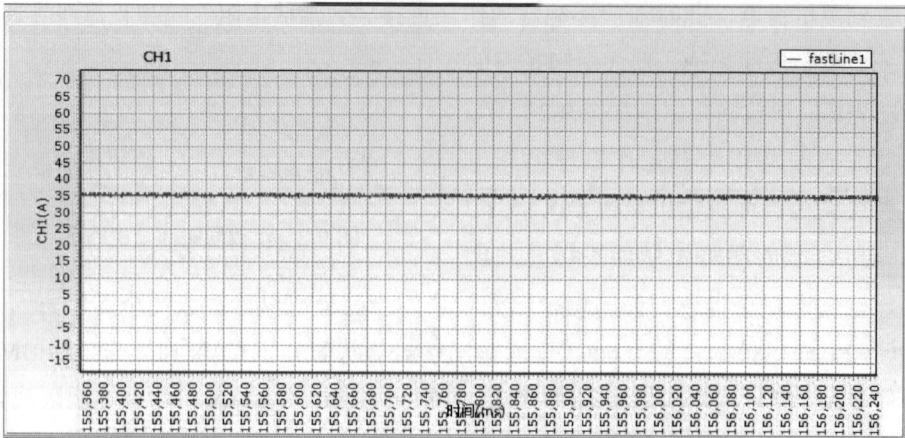

图 9-4 未按照 BMS 充电需求输出波形图

4. 故障原因

通过以上故障分析，初步判断充电桩未按照电池充电需求输出是由于充电桩内充电模块故障原因造成。经过现场桩厂人员检查发现，该充电桩内充电模块缺失，是造成此次故障的根本原因。如图9-5所示。

图 9-5　充电桩内充电模块缺失图

9.2　充电设备通信故障诊断分析

9.2.1　故障诊断例 1

1. 应用场景

某高速服务区充电站实车充电几分钟后异常停跳。

2. 故障现象

某款电动汽车途经某高速服务区进行充电，在半小时内连续换桩充电几次，每次充电时间仅 6～8min 后自动跳停，提示该车辆电已充满，而实际情况为未充满，充电桩界面显示故障代码 47。如图9-6所示。

3. 故障分析

该充电站内共 4 台 120kW 分体直流充电桩，分体充电桩与充电机柜距离较远。该站地处沿海地带，常年温度较低，此款车辆充电需求较大，达 130A 左右。充电桩界面显示故障代码 47，故障代码原因为充电机其他故障，但无具体故障点。

通过以上情况，检测人员初步分析为以下几种情况造成的：

（1）该款充电桩与充电车辆版本兼容性差，造成异常停跳。

（2）充电电流过大发热量过高，充电机散热不良，整流模块达到温控上限，充电桩自动保护造成强制停机。

（3）故障代码 47，充电机其他故障。技术人员需综合分析充电机故障原因，综合以上情况，分体充电桩与充电机柜距离较远，后台数据显示其他电动汽车可以在此充电，技术人员猜测通信故障的原因可能性较大，但不排除其他原因造成异常停跳。

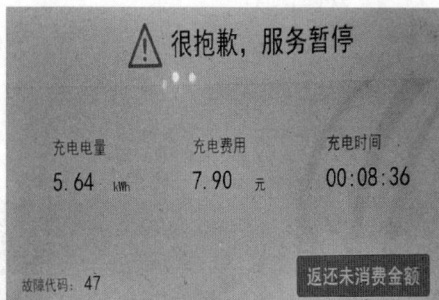

图 9-6　充电桩界面显示故障代码图

4. 故障原因

为最终确定跳停原因，模拟充电故障，检测现场租用一台与该充电车辆同型号同一版本的电动汽车进行充电测试，模拟车辆几分钟后跳停，与该车辆结果一致，报错原因依旧是故障代码 47，排除充电车辆问题。经过充电桩后台数据分析发现，该款车辆充电为傍晚时分，环境温度大概 20℃左右，且在不同充电桩上都进行了充电，排除充电机散热问题，但不排除是由于大电流充电导致某种原因跳停。

经过此次实车测试之后，技术人员综合现场情况判断，分体充电桩与充电机柜距离较远和大电流充电导致通信干扰跳停原因较大，现场人员通过检查充电机柜内发现，充电桩的通信线均采用 1.5 方硬铜线，且和强电回路混在一起，如图 9-7 所示。

图 9-7　某充电桩柜内局部接线图

技术人员猜测大电流充电引起的通信干扰可能是造成跳停的原因，经过监测 RS485 通信总线（充电控制器与无源开出盒）波形，受干扰严重，如图 9-8 所示。

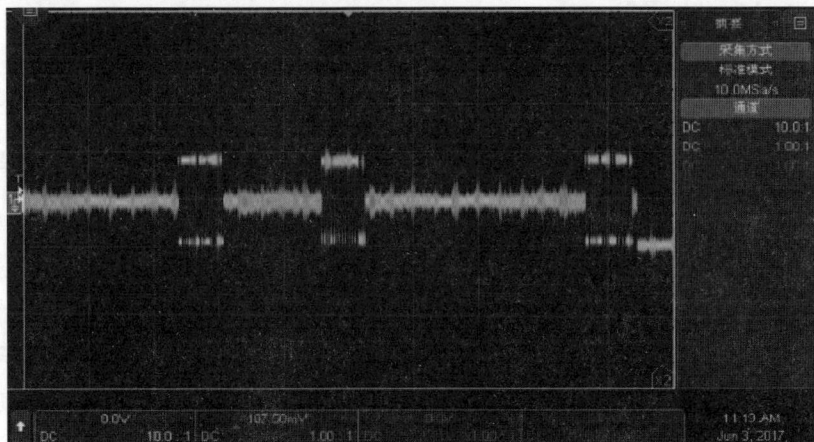

图 9-8　某充电桩 RS485 通信总线通信干扰波形图

为进一步验证此次跳停原因，技术人员奔赴某相邻充电站进行再次验证，现场接线工整，通信线路与工频线路分别由不同线缆接入，且通信线有屏蔽层接地，现场实车充电正常。返回该站后用现场临时网线和通信滤波版本的充电程序再次测试后充电时间明显增长。该站经过更换带有屏蔽层的通信线复测后该车辆正常充电，复测后 RS485 通信总线波形图如图 9-9 所示。

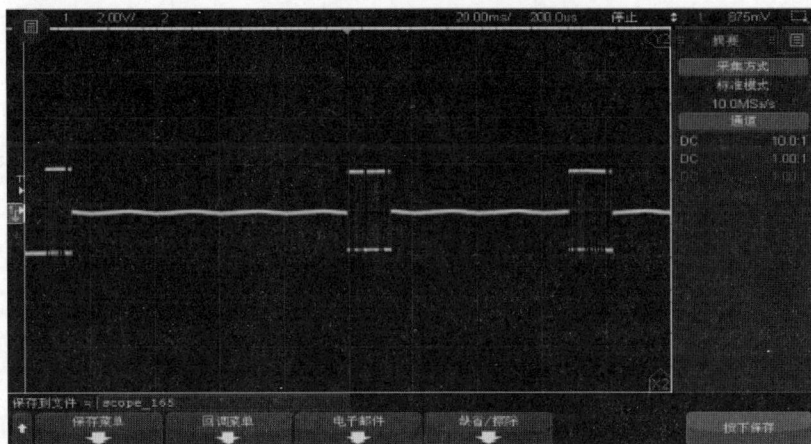

图 9-9　某充电桩 RS485 通信总线复测后波形图

最终判定原因为：现场施工未按照要求使用带屏蔽层的通信线，而且通信线与强电未进行隔离，通信干扰是此次故障的根本原因。

9.2.2 故障诊断例 2

1. 应用场景

某款电动汽车在某城市充电站 60kW 一体直流充电桩无法正常充电。

2. 故障现象

某款电动汽车在某城市充电站进行充电，在进入充电界面几十秒后异常断开充电。

3. 故障分析

该充电站共有 8 台 60kW 一体直流充电桩，均为新国标充电桩，且该城市充电站已完成检测验收工作。该款电动车辆为新上市不久的某款电动汽车，且在此充电站是第一次充电。该品牌电动汽车的同款车辆在此站的某台充电桩上偶尔可以进行充电。

通过以上情况，检测人员初步分析为以下两种情况造成的：

（1）此城市充电站为新国标已检测验收的充电站，在确保桩厂人员未更新充电版本和更换电器配件的前提下，此站满足新国标要求，但此款电动车辆无法充电，但同款车辆偶尔可以充电，技术人员猜测此款电动车辆与此充电桩存在充电兼容性问题。

（2）此款新上市不久的电动汽车充电程序版本未满足最新国标要求，无法在新国标充电桩上正常充电。

4. 故障原因

为了确定最终的原因，现场技术人员依托非车载充电机现场检测系统平台，进行该充电站的某台充电桩的复测工作，按照最新国标要求复测后，该充电桩可与检测系统正常通信，满足最新国标要求，如图 9-10 所示。

2758	发送	14:23:08:400	BCL	181056F4	94 11 10 0E 02	电压需求:450.0V;电流需求:40.0A;充电模式:恒流模式
2759	接收	14:23:08:440	CCS	1812F456	72 0C 12 0E 00 00 FD	电压输出值:318.6V;电流输出值:-39.8A;累计充电时间:0min;充
2760	发送	14:23:08:456	BCL	181056F4	94 11 10 0E 02	电压需求:450.0V;电流需求:40.0A;充电模式:恒流模式
2761	发送	14:23:08:460	BCS_Req	1CEC56F4	10 09 00 02 FF 00 11 00	
2762	接收	14:23:08:477	BCS_Start	1CECF456	11 02 01 FF FF 00 11 00	
2763	发送	14:23:08:482	Pack1	1CEB56F4	01 90 01 18 10 10 54 50	
2764	发送	14:23:08:482	Pack2	1CEB56F4	02 58 02 FF FF FF FF FF	
2765	接收	14:23:08:491	CCS	1812F456	72 0C 12 0E 00 00 FD	电压输出值:318.6V;电流输出值:-39.8A;累计充电时间:0min;充
2766	接收	14:23:08:502	BCS_End	1CECF456	13 09 00 02 FF 00 11 00	
2767	发送	14:23:08:518	BCL	181056F4	94 11 10 0E 02	电压需求:450.0V;电流需求:40.0A;充电模式:恒流模式
2768	接收	14:23:08:541	CCS	1812F456	72 0C 12 0E 00 00 FD	电压输出值:318.6V;电流输出值:-39.8A;累计充电时间:0min;充
2769	发送	14:23:08:580	BCL	181056F4	94 11 10 0E 02	电压需求:450.0V;电流需求:40.0A;充电模式:恒流模式
2770	接收	14:23:08:592	CCS	1812F456	72 0C 12 0E 00 00 FD	电压输出值:318.6V;电流输出值:-39.8A;累计充电时间:0min;充
2771	发送	14:23:08:642	CCS	1812F456	72 0C 12 0E 00 00 FD	
2772	发送	14:23:08:644	BSM	181356F4	04 73 7F 55 0B 00 D0	最高单体电压所在编号:5;最高单体电压:65C;最高温度检测点
2773	发送	14:23:08:646	BCL	181056F4	94 11 10 0E 02	电压需求:450.0V;电流需求:40.0A;充电模式:恒流模式
2774	接收	14:23:08:692	CCS	1812F456	72 0C 12 0E 00 00 FD	电压输出值:318.6V;电流输出值:-39.8A;充电模式:恒流模式
2775	发送	14:23:08:706	BCL	181056F4	94 11 10 0E 02	电压需求:450.0V;电流需求:40.0A;充电模式:恒流模式

图 9-10　BMS 检测系统与充电桩正常通信图

该充电桩复测完成后，现场人员商讨应在该款电动车辆充电时，实时截取充电桩与车辆的通信信息，分析报文数据确定最终原因，部分报文数据如图 9-11 所示。

1541	54:13.2	ch1	接收	0x1CECF45	数据帧	扩展帧	0x08	x	11 02	允许发送
1542	54:13.2	ch1	接收	0x1812F45	数据帧	扩展帧	0x07	x	8A 0F	CCS报文，充电机充电状态
1543	54:13.2	ch1	接收	0x181356F	数据帧	扩展帧	0x08	x	1E 4D	BSM报文，动力蓄电池状态信息
1544	54:13.3	ch1	接收	0x1812F45	数据帧	扩展帧	0x07	x	8A 0F	CCS报文，充电机充电状态
1545	54:13.3	ch1	接收	0x181056F	数据帧	扩展帧	0x08	x	C8 0F	BCL报文，电池充电需求
1546	54:13.3	ch1	接收	0x1CEB56F	数据帧	扩展帧	0x08	x	01 8F	多帧发送
1547	54:13.3	ch1	接收	0x1CEB56F	数据帧	扩展帧	0x08	x	02 0D	多帧发送
1548	54:13.3	ch1	接收	0x1CECF45	数据帧	扩展帧	0x08	x	13 09	允许发送
1549	54:13.3	ch1	接收	0x1812F45	数据帧	扩展帧	0x07	x	8A 0F	CCS报文，充电机充电状态
1550	54:13.3	ch1	接收	0x181356F	数据帧	扩展帧	0x08	x	1E 4D	BSM报文，动力蓄电池状态信息
1551	54:13.3	ch1	接收	0x1812F45	数据帧	扩展帧	0x07	x	8A 0F	CCS报文，充电机充电状态
1552	54:13.4	ch1	接收	0x181056F	数据帧	扩展帧	0x08	x	C8 0F	BCL报文，电池充电需求
1553	54:13.4	ch1	接收	0x1CEC56F	数据帧	扩展帧	0x08	x	10 09	请求发送
1554	54:13.4	ch1	接收	0x1CECF45	数据帧	扩展帧	0x08	x	11 02	允许发送
1555	54:13.4	ch1	接收	0x1812F45	数据帧	扩展帧	0x07	x	8A 0F	CCS报文，充电机充电状态
1556	54:13.4	ch1	接收	0x181056F	数据帧	扩展帧	0x08	x	C8 0F	BCL报文，电池充电需求
1557	54:13.4	ch1	接收	0x1CEB56F	数据帧	扩展帧	0x08	x	01 8F	多帧发送
1558	54:13.4	ch1	接收	0x1CEB56F	数据帧	扩展帧	0x08	x	02 0D	多帧发送
1559	54:13.4	ch1	接收	0x1812F45	数据帧	扩展帧	0x07	x	8A 0F	CCS报文，充电机充电状态
1560	54:13.5	ch1	接收	0x1CECF45	数据帧	扩展帧	0x08	x	13 09	允许发送
1561	54:13.5	ch1	接收	0x1812F45	数据帧	扩展帧	0x07	x	8A 0F	CCS报文，充电机充电状态
1562	54:13.5	ch1	接收	0x181056F	数据帧	扩展帧	0x08	x	C8 0F	BCL报文，电池充电需求
1563	54:13.5	ch1	接收	0x1CEC56F	数据帧	扩展帧	0x08	x	10 09	请求发送
1564	54:13.5	ch1	接收	0x1CECF45	数据帧	扩展帧	0x08	x	11 02	允许发送
1565	54:13.6	ch1	接收	0x1812F45	数据帧	扩展帧	0x07	x	8A 0F	CCS报文，充电机充电状态
1566	54:13.6	ch1	接收	0x181356F	数据帧	扩展帧	0x08	x	1E 4D	BSM报文，动力蓄电池状态信息
1567	54:13.6	ch1	接收	0x1812F45	数据帧	扩展帧	0x07	x	8A 0F	CCS报文，充电机充电状态
1568	54:13.6	ch1	接收	0x181056F	数据帧	扩展帧	0x08	x	C8 0F	BCL报文，电池充电需求

图 9-11　BSM 未按周期发送报文图

由此可知，该款车辆未完全按照 250ms 的周期发送 BSM 信息，周期最长达到 1s 左右，未符合最新国标要求。

最终判定原因为：该款电动车辆未按照国标要求发送 BSM 动力蓄电池状态信息，导致此款车辆无法在该充电站正常充电。

参 考 文 献

[1] 刘卓然，陈健，林凯，等. 国内外电动汽车发展现状与趋势 [J]. 电力建设，2015，36（7）：25-32.

[2] 杨荣. 发达国家加速战略性新兴产业科技成果转化的经验——以电动汽车为例 [J]. 科技创新与生产力，2013（8）：5-9.

[3] 美国"加快普及电动汽车"计划及其启示 [N]. 中国能源报.

[4] 新能源网. 美国 2018 年新能源汽车销量：纯电动车 20.3 万辆，燃料电池车仅 1735 辆 [EB/OL].

[5] 前瞻经济学人. 2018 年电动汽车充电桩行业发展现状与发展趋势分析美日德三国电动汽车行业发展较好 [EB/OL].

[6] 搜狐新闻. 新能源：2018 年全球新能源汽车现状及竞争格局分析 [EB/OL].

[7] 前瞻经济学人. 2018 年全球电动汽车充电桩竞争现状与 2019 年趋势分析中国遥遥领先其他国家 [EB/OL].

[8] 国家能源局. 国务院关于印发节能与新能源汽车产业发展规划（2012～2020 年）的通知 [EB/OL].

[9] 中华人民共和国国家发展和改革委员会. 关于印发《电动汽车充电基础设施发展指南（2015～2020 年)》的通知 [EB/OL].